Einstein: Relatività Generale
Quasi-divulgativa, con biografie di 19 scienziati

Serie: Panoramica scientifica dell'Universo

Einstein: Relatività Generale
Quasi-divulgativa, con biografie di 19 scienziati

Serie: Panoramica scientifica dell'Universo
https://amzn.to/2Inb2ug

Edizione italiana

Disponibile in formato eBook su Amazon

Ettore Accenti
Linkedin: Ettore Accenti
Blog: http://ettoreaccenti.blogspot.ch/
Tutti i miei libri pubblicati: http://amzn.to/1YYcPaI

EDIZIONI ACCENTI

Ettore Accenti
Einstein: Relatività Generale. Quasi-divulgativa, con biografie di 16 scienziati
Serie: Panoramica scientifica dell'Universo
Edizione italiana (Rev. 20/5/2018)

ISBN-13: 978-1987612660   ISBN-10: 1987612663

Copyright © 2018 EDIZIONI ACCENTI

Dedica

A mia moglie Eva, che ha corretto il testo e fornito molti utili suggerimenti sul contenuto.

L'autore

Fin dall'età scolare sono rimasto affascinato dal mistero insito nelle scienze e la matematica che le descrive.

Questo amore per l'ignoto mi ha portato a soddisfare sempre la mia curiosità leggendo i libri di Astronomia e di Fisica che trovavo nella vecchia biblioteca di famiglia ed in particolare "L'Astronomia popolare" del 1885, scritta dal famoso astronomo francese Camillo Flammarion, che ancora conservo gelosamente ed i lavoro di Einstein sulla relatività.

Inoltre, durante i miei numerosi viaggi non perdevo occasione per visitare osservatori astronomici come Monte Palomar e musei scientifici di ogni genere.

Una laurea al Politecnico di Milano in ingegneria e poi una complessa famiglia e la mia attività come imprenditore nel mondo della tecnologia hanno limitato questo mio hobby che non ho mai abbandonato.

Ora, con i quattro figli indipendenti, i dieci nipotini ben accuditi dai rispettivi genitori ed una moglie che si occupa delle cose di tutti i giorni, lo scrivere un libro di cucina, un altro di archeologia il correggere pazientemente le bozze dei miei libri, posso tranquillamente dedicarmi alla ricerca ed alla pubblicazione dell'oggetto della mia passione: la Fisica e l'Astrofisica.

Premessa alla serie

Le scienze che desidero trattare in questa serie spaziano dalla fisica all'astrofisica e dalla matematica alla cosmologia, tutti argomenti che si correlano fra di loro per giungere a spiegarci come funziona l'universo.

Il primo volume intitolato "Astrofisica 1. Dal Big Bang ai Buchi Neri" (http://amzn.to/2tTA7dC) contiene una doverosa premessa che sfiora la moderna fisica einsteiniana della relatività ed i fondamenti della fisica delle particelle per giungere a spiegare come nascono le stelle, i buchi neri e l'universo tutto.

Il secondo volume intitolato "Einstein: Relatività speciale, quasi divulgativa, con biografie di 16 scienziati (http://amzn.to/2u3vkpL) precede questo libro trattando la teoria che Einstein pubblicò nel 1905.

Quella prima teoria relativistica conteneva delle importanti limitazioni riferendosi ai soli casi dei movimenti in sistemi di riferimento inerziali, cioè sistemi tra loro in movimento rettilineo ed uniforme.

L'esperienza acquisita con la mia serie di libri tecnologici (http://amzn.to/2DBN9Mt) e soprattutto l'incoraggiamento dei miei numerosi lettori mi spingono a dedicare buona parte del mio tempo a ristudiare le mie vecchie letture e, spesso, a leggerne di nuove per la non facile attività di rendere i contenuti accessibili a molti.

Inoltre mi sforzo di conciliare la generalizzazione dei testi senza scendere in eccessivi compromessi con la facile divulgazione, perdendo quella rigorosità che ritengo importante.

Da quando ero uno studente, molti anni fa, mi avevano affascinato le visite a planetari e alcune letture di astronomia, ma l'approfondimento di quegli argomenti ben presto mi fu reso difficile da altri studi universitari e poi dall'intensa attività lavorativa. Ora dispongo di tutto il mio tempo, situazione meravigliosa e lo utilizzo per scegliere e studiare gli argomenti che prediligo.

Questi libri non sostituiscono certo il vero studio sui testi ufficiali ma ricordo bene quanto, da studente, certi testi riassuntivi e seri mi fossero utili per una rapida rilettura di qualsiasi argomento scolastico o di cui volevo, in poche ore, conoscerne gli elementi fondamentali.

Affrontando argomenti generalmente difficili, questa serie vuole offrire al lettore un'utilità nel senso del tempo richiesto per leggerli, tralasciando parti che non considero essenziali e rimandando ai link internet citati.

Anche il lettore esperto potrà richiamare alla sua memoria quanto studiato o completare rapidamente le sue conoscenze nell'ambito scientifico.

Mantenendo una rigorosità scientifica questa serie utilizzerà tre formati nel testo, in aggiunta al carattere normale:

Grassetto: le parti il cui contenuto è importante e che riassume concludendole le argomentazioni che le precede.

Corsivo: *le parti storiche che descrivono punti biografici, parti di testi originali e l'evoluzione del pensiero degli scienziati coinvolti.*

In blu e sottolineato: <u>collegamenti internet</u> selezionati per consentire al lettore meno frettoloso di accedere ad argomenti rintracciabili sul web evitandogli la faticosa ricerca di testi affidabili

SOMMARIO

Premessa alla serie 9

Premessa al libro 13

Calcolo differenziale assoluto 19

Spazio quadridimensionale di Minkowski 27

Principio di equivalenza 31

Conseguenze del principio di equivalenza 39

Sviluppo matematico della teoria 45

Spazio Geodetico 49

Il tempo e la gravità 55

Esperimento Pound-Rebka 59

Un po' di matematica, ma non molta 65

Deformazione dello spazio 71

Precessione di Mercurio 73

Curvatura della luce 75

Raggio di Schwarzschild 77

Buchi Neri 79

Onde gravitazionali 81

Lente gravitazionale 85

Dilatazione temporale 87

Contrazioni lunghezze 89

Paradosso gemelli 91

Global Positioning System 93

- GRANDI SCIENZIATI 95
- Congresso Solvay del 1927 97
- Stephen Hawking (1942 – 2018) 99
- Edwin Powell Hubble (1889 – 1953) 101
- Arthur Eddington (1882 – 1944) 103
- Karl Schwarzschild (1873 – 1916) 105
- Tulio Levi Civita (1873 – 1941) 107
- Albert Einstein (1872 – 1955) 109
- Ermann Minkowski (1864 – 1909) 111
- David Hilbert (1862 – 1943) 113
- Heinrich Hertz (1857 – 1894) 115
- Jules Henri Poincaré (1854 – 1912) 117
- Hendrik Antoon Lorentz (1853 – 1928) 119
- Gergorio Ricci Curbastro (1853 – 1925) 121
- Ernst Waldfried Josef Wenzel Mach (1838 – 1916) 123
- James Clerk Maxwell (1831 – 1879) 125
- Georg Friedrich Bernhard Riemann (1826 – 1866) 127
- Évariste Galois (1812 – 1832) 129
- Carl Friedrich Gauss (1777 – 1856) 131
- Isaac Newton (1643 – 1727) 133
- Galileo Galilei (1564 – 1642) 135
- Conclusione 137

Premessa al libro

La formula in copertina descrive come opera l'intero Universo.

Questa formula conclude il poderoso lavoro che Einstein fece tra il 1905 ed il 1916, anno quest'ultimo in cui pubblicò la sua teoria generale della relatività riassunta dall'equazione in copertina,

In seguito ne darò una spiegazione di massima e per il momento mi limito ad affermare che questa equazione sta alla teoria generale come la famosa formula $E=mc^2$ sta alla teoria speciale del 1905 e che abbiamo studiato nel libro precedente.

La prima teoria, quella speciale, elimina i concetti di simultaneità, elimina il tempo assoluto ed introduce il nuovo concetto di spazio-tempo quadrimensionale. Tutto viene riferito a sistemi di riferimento in movimento con moto rettilineo ed uniforme, cioè sistemi di riferimento inerziali.

La seconda, quella generale del 1916, estende la teoria a sistemi di riferimento con qualsiasi forma di moto. In sostanza introduce i movimenti accelerati e quindi la gravità e l'inerzia che i corpi presentano quando sono soggetti a forze che li accelerano.

In questo libro tratteremo questa estensione e vedremo quali enormi difficoltà richieda una generalizzazione di questo genere, tanto che Einstein impiegò 11 anni per dimostrarla. Gli fu inoltre necessaria la collaborazione di molti insigni matematici.

Una visione nuova e completa della realtà, le cui equazioni che la descrivono e che Einstein dimostrò, hanno retto a tutte le prove fino ai nostri tempi ed oggi sappiamo che sono corrette per le innumerevoli verifiche sperimentali.

La prima conseguenza dell'analisi teorica di questa generalizzazione è la curvatura dello spazio-tempo in presenza di masse, spazio non inteso come "vuoto" o "nulla" quando non contiene materia, ma come entità autonoma e che oggi sappiamo creatasi col Bing Bang che ha originato l'universo.

La dipendenza della curvatura dello spazio per effetto delle masse, che Einstein calcolò con precisione, portò a presumere l'esistenza di quelli che molto tempo dopo verranno definiti i buchi neri.

La dilatazione del tempo, prevista dalla teoria speciale, qui si completa e si complica con l'ulteriore dilatazione dovuta alla presenza della forza di gravità la cui conseguenza pratica per tutti noi oggi è ben visibile nei nostri sistemi GPS.

Gli orologi atomici sui satelliti in orbita e che inviano i segnali al nostro apparecchio in auto per guidarci con precisione ad una meta, devono essere corretti per mantenerli sincronizzati con gli orologi atomici a terra: in parte perché a quella velocità il loro tempo si contrae (relatività speciale) ed in parte perché, lontani dalla gravità terrestre, il loro tempo si dilata (relatività generale).

Il testo che più mi è servito per approfondire questa relatività generalizzata fu scritto dallo stesso Einstein e spiega ai non specialisti la sua teoria, testo di cui riporto alcune citazioni in carattere corsivo in questo mio libro, anche per il valore storico che hanno.

Allo scopo di far comprendere ad un diligente lettore che si appresta a leggere qualcosa di non semplice e consolarlo se avrà qualche difficoltà, riporto cosa disse lo scienziato Arthur Eddington, nel 1921.

Il premio Nobel Eddington, grande ammiratore e studioso di Einstein, fu il primo che nel 1919 confermò la teoria della relatività generale eseguendo delle verifiche astronomiche sulla curvatura della luce durante un eclisse totale in Sudafrica.

Un giorno un giornalista gli chiese se fosse vero che al mondo solo tre persone avessero capito la teoria della relatività. E lui rispose: "Chi è il terzo?". Eddington per le due persone si riferiva ad Einstein ed a se stesso.

L'equazione in copertina riassume il contenuto della relatività generale

Mi avvalgo anche di altri documenti che andrò citando mano a mano che il lettore procederà e le ricerche su internet con i link qui riportati che gli consentiranno di approfondire rapidamente le sue conoscenze.

E' noto che Einstein vinse il premio Nobel nel 1921 e molti pensano che gli sia stato assegnato per il grandioso suo lavoro sulle teorie della relatività, nulla di più sbagliato. Gli fu assegnato per un lavoro sulla fotoelettricità che pubblicò nel 1905, un lavoro molto importante ma nulla al confronto della sua relatività.

Il motivo non è da ricercarsi ad una sottovalutazione da parte di chi assegna quei premi, ma dallo statuto imposto da Alfred Bernhard Nobel, inventore della dinamite, filantropo e imprenditore che creò il premio: l'onorificenza deve essere attribuito solo a scoperte pratiche ed utilizzabili che abbiano contribuito al benessere dell'umanità, come appunto lo sono i fenomeni fotoelettrici. La relatività, come altre importanti costruzioni teoriche, non rientrano nelle categorie premiabili.

Molti furono poi i contributi di fisici e matematici a cui Einstein attinse a piene mani per arrivare alla sua formulazione finale della relatività generalizzata. Tra questi sono da citarsi, il suo maestro e matematico Ermann Minkowski, creatore della geometra dello spazio quadridimensionale, il matematico italiano Gregorio Ricci Curbastro che definì il tensore che prese il suo nome, il fisico Karl Schwarzschild che per primo ne utilizzò i risultati per calcolare i buchi neri, Arthur Eddington che ne intuì l'importanza e ne provò l'esattezza con il suo esperimento astronomico e molti altri.

Le sue intuizioni derivano anche da ricerche ed esperimenti fatti da altri scienziati prima di lui come la verifica dell'indipendenza della velocità della luce da qualsiasi sistema di riferimento, esperimento del 1887 di Michelson e Morley, illustrato nel volume precedente.

Dall'alto a sinistra Minkowski, Ricci, Schwarzschild e Eddington

Il grande Isaac Newton, primo scienziato al mondo a comprendere l'importanza della gravità nel diciassettesimo secolo e ad estenderne i concetti a tutto l'universo, è sicuramente il vero ispiratore di Einstein. Indubbiamente i due scienziati sono comparabili in grandezza ed importanza scientifica.

La genialità di Einstein è consistita nell' intuire con puri ragionamenti ideali la realtà della natura e poi, risolvendone le incongruenze sperimentali ed utilizzando lo strumento matematico, raggiungere i suoi obiettivi nonostante la grande complessità matematica.

Calcolo differenziale assoluto

Il titolo di questo capitolo può spaventare qualche lettore non familiare con la matematica. Non preoccupatevi, ho deciso di inserirlo all'inizio del racconto vero e proprio per smitizzare un argomento che spesso viene citato nelle descrizioni, anche divulgative, per enfatizzare la complessità dell'argomento "relatività", senza che poi venga data una spiegazione, lasciando il lettore con un senso di mistero.

Con questo non significa che la matematica utilizzata da Einstein sia a livello della quinta elementare anzi, dirò di più, non lo è neanche a livello di uno come il sottoscritto con una laurea ingegneria, la passione per la matematica e tre corsi di analisi, compresa analisi matematica complementare.

Ma voi, e nemmeno io, dobbiamo utilizzare questa matematica per costruire un' astronave che viaggi a quasi la velocità della luce o che passi vicino a un buco nero. Tantomeno dobbiamo progettare un orologio atomico per misurare come varia il suo battere il tempo al variare della gravità ... ci è sufficiente sapere che quel tempo varia e perché.

Spesso nella descrizione di argomenti scientifici destinati al largo pubblico ho letto frasi che lasciano intendere come certi argomenti non possano essere spiegati a tutti, anche se l'autore li conosce e qui nasce qualche dubbio su questo autore che mi sembra peccare come minimo di supponenza.

Einstein ha affermato che qualsiasi argomento della realtà debba potersi spiegare a chiunque, ovviamente con le giuste parole, aggiungo io.

Stando dalla parte di Einstein, e non certo per capacità scientifiche, in questo capitolo proverò a togliere quel velo di mistero sulle tecniche matematiche da lui sfruttate come fossero i cacciavite che usano i meccanici per aprire un motore e guardarci dentro.

La matematica non esiste in natura, è una costruzione creata dalla nostra intelligenza per "modellare" la natura percepita dai nostri sensi.

Quando all'inizio dei tempi i nostri lontani progenitori si trovarono davanti al problema di dividersi in modo equo un gregge di pecore si inventarono i numeri.

Quando trascorsi gli anni e dovettero dividersi le terre da coltivare, si inventarono la geometria.

Quando si trovarono davanti al problema di studiare il movimento dei pianeti, si inventarono il calcolo differenziale.

Quando si trovarono davanti al problema di studiare movimenti nello spazio a più dimensioni senza ricorrere a riferimenti, si inventarono il calcolo differenziale assoluto.

Quando Einstein si trovò davanti al problema di descrivere l'universo comprendendo forza, gravità e inerzia si inventò un particolare calcolo tensoriale.

Tutte queste invenzioni, lette nel tempo di due minuti, abbiamo impiegato decine di migliaia di anni per crearle ed ora

Calcolo differenziale assoluto

siamo capaci di racchiuderne il risultato nella nostra mente in un colpo solo, un bel risultato!

Come disse Einstein, la ragione per cui la nostre mente è sempre in grado di crearsi un modello matematico che poi, sviluppato, si dimostra applicabile alla natura, lo si deve al Grande Vecchio che ha creato l'universo, sicuramente un grande matematico.

Credo sia chiaro a tutti come ci siano utili i numeri e la geometria dei casi citati. Tutti noi ne sfruttiamo l'utilità ogni giorno: per verificare le nostre spese, pesare i nostri acquisti al supermercato o acquistare un appartamento.

Un po' meno evidente è la necessità del calcolo differenziale per chi non l'ha studiato.

La sua necessità si è fatta viva intorno al sedicesimo secolo quando gli scienziati si sono trovati fra le mani il problema di contare non degli oggetti finiti tipo mele, case, pecore, ma di dover descrivere delle cose "continue" come l'orbita di un pianeta o il percorso di una sfera metallica che discende su un piano inclinato.

Questi "continui" intuitivamente sono formati da un'infinità di punti e sarebbe impossibile contarli uno alla volta. Oltretutto sono vicinissimi fra loro, tanto vicini che si sviluppò quello che venne chiamato "calcolo infinitesimale" che, appunto, descrive punti infinitamente vicini.

Il passo seguente fu quello di inventarsi dei modi per operare con questi strani insiemi di punti infinitesimi: per gli oggetti quotidiani noi sappiamo fin dall'antichità come contarli, come sommarli, come moltiplicarli, in poche parole, come utilizzare le varie operazioni che si studiano a scuola, ma con oggetti di quel genere occorre creare nuovi operatori.

Questi operatori prendono nomi diversi da somma, prodotto ecc. e si chiamano derivate, integrali, ecc., in poche parole si costruisce tutta una matematica su oggetti infinitamente piccoli e con gli operatori che ne governano le relazioni.

Questa branchia della matematica si chiama "calcolo differenziale" ed è parte dell'insegnamento delle scuole superiori e dei corsi universitari di natura scientifica.

A prima vista si potrebbe pensare che se ne abbia abbastanza di matematica utile per le questioni che la natura ci chiede di risolvere, invece pare proprio che la nostra mente sia costretta a procedere alla ricerca di sempre nuove soluzioni e forse questa ricerca continuerà all'infinito.

Con l'avanzare delle scoperte scientifiche, nel diciannovesimo secolo ci si trovò a dover creare modelli che prescindessero dai riferimenti naturali fino ad allora sufficienti. I numeri, la geometria, i calcoli differenziali si consideravano per lo spazio che i nostri sensi individuano e cioè lo spazio a tre dimensioni: lunghezza, altezza e profondità.
Ora nuove realtà costringevano i matematici ad allargare quei tre riferimenti a quattro, aggiungendo il tempo ed infine a considerare di estendere il tutto ad un gran numero di riferimenti possibili.

Nascevano così i calcoli non più in corrispondenza del nostro caro spazio a tre dimensioni ma addirittura ad "n" dimensioni dove "n" può essere un numero intero grande quanto si vuole. La matematica raggiunse così vette incredibili di astrazione e ... di complicazione.

Calcolo differenziale assoluto

Ma non è finita: ecco che si affaccia la relatività, quella speciale e quella generale, e tutto quello realizzato nel mondo matematico non è ancora sufficiente, occorre una matematica che prescinda da qualsiasi riferimento, una matematica assoluta.

Occorre utilizzare il "calcolo differenziale assoluto", titolo di questo capitolo, che grandi matematici come l'italiano Gregorio Ricci Curbastro hanno magistralmente ideato.

Soffermiamoci un attimo su questo calcolo, esiziale per la nuova teoria di Einstein e che ha quasi fuso il cervello di questo grande scienziato tra il 1905 ed il 1916.

Cos'è il calcolo differenziale assoluto? Una teoria matematica che permette di tradurre le proprietà geometriche e fisiche dello spazio in forma indipendente dalla scelta particolare delle coordinate.

L'impostazione di base fu data dallo scienziato Christoffel circa dieci anni prima dell'articolo di Einstein del 1905. Einstein poi ne fece lo strumento fondamentale per la descrizione matematica della sua teoria della relatività generale, pubblicata nel 1916.

Stiamo pertanto parlando del punto di arrivo della matematica nella prima parte del secolo scorso, matematica astratta ma che ha una sua intrinseca bellezza, come scriverà qualche matematico, per la capacità di sintetizzare con una formulazione sintetica come quella riportata nella copertina di questo libro e che compendia il comportamento universale della natura.

Per completare l'argomento dal punto di vista semantico, vediamo quali sono gli elementi di questo calcolo, cioè gli operatori corrispondenti ai "più", "meno", "per" e "diviso" propri della matematica che si studia alle elementari.

Intanto siamo in un mondo in cui oltre alle quantità c'è anche la "direzione", cioè lo spazio del "calcolo vettoriale" dove gli elementi più semplici sono dei "vettori", frecce che hanno, oltre alla lunghezza, anche una direzione.

Esiste una branca della matematica che insegna come operare con questo tipo di elemento direzionale: i vettori si possono moltiplicare, sommare, muovere ecc., possono essere su un piano, nello spazio tridimensionale o in uno spazio a qualsiasi dimensione.

Nella forma più semplice possono individuare e descrivere il movimento di un corpo soggetto ad una forza e così via.

Il professor Ricci ha ulteriormente generalizzato il calcolo vettoriale considerando una nuova entità matematica chiamata "tensore", estremamente più complessa perché contempla una grande quantità di variabili in uno spazio senza dimensioni.

La matematica così costruita prende il nome di "calcolo tensoriale" e su di essa opera il calcolo differenziale.

Fra i vantaggi che il calcolo tensoriale presenta sono da ricordare quello di guidare nella scelta delle leggi fisiche suggerendo quali di esse siano invarianti rispetto alle trasformazioni di coordinate e quello di consentire una forma sintetica delle equazioni generali di una teoria geometrica o fisico-matematica, come vedremo.

Siamo nel mondo della teoria dei campi che i matematici del secolo diciannovesimo studiarono a partire da Riemann e poi

Calcolo differenziale assoluto

da altri che introdussero quello che noi comuni mortali potremmo chiamare "delle belle complicazioni".

Sono queste teorie che attrassero l'attenzione di Einstein quando quasi disperato, non riuscendo a venire a capo di come descrivere il moto in presenza di campi gravitazionali, se ne impossessò alla grande.

Con questa matematica riuscì a descrivere le proprietà geometriche e fisiche dello spazio in forma analitica ed indipendente dalla scelta di coordinate specifiche: un bel salto dal contare le pecore di un gregge per l'umanità!

Einstein sfruttò l'idea dei matematici che avevano, prima di lui, costruito un calcolo differenziale generalizzandolo a spazi non euclidei e che hanno una struttura vettoriale.

Qui per spazi non euclidei si intendono quelli in cui la vecchia geometria che si studia a scuola viene superata considerando spazi curvi anziché piani ed altri dettagli che lasciamo allo studio di chi desidera laurearsi su questo argomento.

Siamo giunti a spiegarci il perché il calcolo tensoriale con i suoi tensori, che non sono altro che espressioni sintetiche di operazioni matematiche, permettono di rappresentare in breve spazio la struttura matematica dell'intera teoria della relatività generale.

Se ora riprendiamo l'arcana formula in copertina, possiamo nominarne le sue parti ed intuire come questa scrittura "stenografica" sintetizzi e comprenda gli undici duri anni di lavoro a cui Einstein si sottopose per giungere ad una descrizione della sua teoria generale della relatività.

$$R_{\mu\nu} - \frac{1}{2} R\, g_{\mu\nu} + \Lambda\, g_{\mu\nu} = \frac{8\pi G}{c^4} T_{\mu\nu}$$

- $R_{\mu\nu}$: Tensore di Ricci
- R: Curvatura scalare
- $g_{\mu\nu}$: Tensore metrico
- Λ: Costante cosmologica
- G: Costante gravitazione universale
- $T_{\mu\nu}$: Tensore energia-impulso
- $R_{\mu\nu} - \frac{1}{2} R\, g_{\mu\nu}$: Tensore di Einstein

CURVATURA SPAZIO-TEMPO ⟷ MASSA-ENERGIA

Equazione di campo di Einstein. La parte a sinistra dice quanto e come si modifica lo spazio-tempo per effetto della distribuzione della massa-energia contenuta nella parte destra

Sintesi formale della teoria generale della relatività

Gli indici μ e ν rappresentano ciascuna le 4 dimensioni dello spazio-tempo, tre spaziali (x,y,z) ed una temporale (t). Le combinazione di questi indici sono quindi 16, il che significa che l'espressione si sviluppa in 16 equazioni nello spazio-tempo di Einstein.

Riassumendo, la porzione a sinistra dell'equazione si riferisce alla curvatura dello spazio-tempo mentre la parte destra ha a che fare con la massa e l'energia.

In altri termini, quest'equazione afferma come la massa curva lo spazio-tempo e la curvatura dello spazio-tempo dice alla massa come deve muoversi.

Ora conosciamo il significato delle parti che compongono l'equazione di campo di Einstein ed il suo significato nel descrivere matematicamente la natura. Con i prossimi capitoli spiegheremo da quali ipotesi lo scienziato è partito per ottenerla e come ci sia riuscito.

Spazio quadridimensionale di Minkowski

Ecco un altro titolo dal contenuto apparentemente misterioso, che ora cercherò di rendere comprensibile senza utilizzare espressioni troppo tecniche o calcoli complessi e, al nostro fine, inutili.

Intanto cominciamo col dire che Hermann Minkowski era un matematico russo-tedesco che insegnava proprio nello stesso Politecnico di Zurigo che Einstein stava frequentando, nei primi anni del novecento.

Era il periodo in cui Einstein cominciava ad interessarsi della fisica, ma con scarso interesse per quello che riguardava la matematica che non amava molto.

Risulta che Minkowski non abbia preso molto sul serio questo suo studente, almeno fino a quando non lesse i suoi articoli del 1905 ed in particolare quello intitolato "teoria sull'elettrodinamica dei corpi in movimento" che costituiva il complesso teorico della relatività speciale.

Cosa intuì il matematico Minkowski col lavoro di Einstein? Intuì come fosse opportuno sviluppare una geometria non più solo nello spazio a tre dimensioni, ma che fosse il caso di aggiungerne una quarta che considerasse il tempo "t".

Era del resto un'idea intrinseca nella teoria di Einstein, ma che lui espresse in termini matematici, tanto che lo stesso Einstein la prese in prestito non solo per i suoi futuri sviluppi ma anche per spiegare agli studenti la sua teoria del 1905, rendendola così più didatticamente comprensibile.

Vediamo di capire senza ricorrere a formalismi matematici come nasce questa necessità dello spazio quadridimensionale.

L'esempio più semplice e comune é quello di considerare come noi stessi operiamo per darci un appuntamento. Diamo una posizione sulla superficie della Terra indicandola, ad esempio, con una via, ed un numero civico ed il piano per poi aggiungere un'ora precisa per l'incontro.

Inconsapevolmente stiamo operando in uno spazio quadridimensionale: tre coordinate spaziali (via, numero civico, piano) oltre a una coordinata temporale.

Quattro numeri quindi individuano un punto in uno spazio a quattro dimensioni. Solo che abbiamo un problema: nello spazio i numeri rappresentano distanze, lunghezze misurabili in metri, centimetri, ecc. mentre la quarta dimensione è un tempo che si misura in ore, secondi, etc. e quindi, formalmente non compatibili fra loro.

Minkowski pensò di moltiplicare il tempo per una velocità costante (ricordo che in meccanica la velocità è spazio diviso tempo) per ottenere col tempo una lunghezza.

Ma quale costante è più costante della velocità della luce "c"? Ed ecco che Minkowski costruisce tutta una geometria con quattro coordinate: x, y, z e ct.

Da questa premessa nasce tutto quello che va sotto l'arcano titolo di "Spazio quadridimensionale di Minkowski".

Come Euclide, Pitagora ed altri costruirono duemila e cinquecento anni fa quella geometria che tutti noi studiamo a scuola, così Minkowski si costruì una magnifica e coerente geometria che, guarda caso, è risultata essere un perfetto vestito per la descrizione delle teorie della relatività.

Spazio quadridimensionale di Minkowski

Per coloro che hanno letto il volume precedente sulla teoria speciale della relatività avrà scoperto come le leggi fisiche, sotto certe ipotesi, sono invarianti rispetto alle trasformazioni di Lorentz. Questa nuova geometria quadridimensionale allarga quella caratteristica descrivendo fenomenologia propria di quella che diventerà la teoria della relatività generale.

Nello spazio di Minkowski ogni fenomeno fisico è descritto da quattro coordinate spazio t-temporali (ct, x, y, z)

Minkowski fu così convinto della nuova concezione di spazio quadridimensionale e della stretta interdipendenza tra lo spazio ed il tempo affermato da Einstein che in una conferenza del 1908, un anno prima della sua morte, affermò testualmente: *"Le concezioni dello spazio e del tempo che intendo presentarvi sono scaturite dal terreno della fisica sperimentale e in questo risiede la loro forza. Si tratta di concezioni radicali, come conseguenza lo spazio in sé e il tempo in sé sono destinati a dissolversi come meri fantasmi, mentre a conservare una realtà indipendente sarà solo una specie di unione fra le due"*.

E' su queste nuove basi scaturite da quell'inizio del secolo scorso che, superando idee millenarie, dobbiamo modificare la concezione della realtà che ci circonda.

Quindi Minkowski ha formalizzato meglio le risultanze della teoria speciale della relatività, avviando Einstein alla ben più complessa impresa di generalizzare quella teoria, impresa che Einstein pubblicò nel 1916.

Principio di equivalenza

Questo capitolo è fondamentale per comprendere tutto quello che seguirà ed una doverosa premessa va fatta per chiarire subito due termini che hanno a che fare con il "peso", quella caratteristica dei corpi che l'uomo conosce da sempre.

Il peso è una caratteristica della materia che ci è così connaturata da non doverci pensare molto: se inciampiamo, cadiamo e ci rompiamo il naso, doloroso ma normale perché il fatto di cadere è così naturale che per secoli nessuno ci ha costruito sopra una spiegazione scientifica.

Doveva essere Newton alla fine del XVII secolo, con la famosa mela che gli cadde in testa, a domandarsi perchè e come quel suo bernoccolo fosse nato.

Con quel capoccione di cui il nostro amico Newton disponeva non poteva certo fermarsi alla semplice constatazione del fatto: cominciò a chiedersi che cosa fosse quel qualcosa che provocava la caduta della mela e, non solo, cercò anche di capire come mai più in alto era la mela che cadeva e maggiore era il suo dolore.

E poi volle controllare se l'aria c'entrava qualcosa facendo cadere nel vuoto una piuma ed un peso, constatando che cadevano alla stessa velocità.

Doveva quindi esserci un qualcosa, una forza, in grado di muovere in quel modo qualsiasi cosa, anche nel vuoto.

Ragiona oggi e ragiona domani, quel genio ci ha costruito quella che chiamerà la "teoria della gravitazione universale": la forza che spinge quei corpi che cadono, la forza che li spinge gliela dà la Terra, il nostro pianeta, che così attrae sulla sua superficie ogni oggetto che non sia bloccato in alto, come la mela all'albero.

Poi si è chiesto se quel fenomeno fosse peculiare solo della Terra e da lì a poco ha scoperto che quello non è un fenomeno che riguarda solo il nostro pianeta ma tutti i pianeti e tutti i corpi celesti. Di più, scopre che è una caratteristica della materia: tutti i corpi si attraggono fra di loro e più sono vicini e più si attraggono.

Da grande fisico e matematico arrivò a capire anche "come" si attraggono, dimostrando che quella forza che spinge i corpi a scontrarsi fra loro è proporzionale al prodotto delle masse di quei corpi diviso per il quadrato della loro distanza ed attraverso una costante che chiamò costante di gravitazione universale. In forma matematica scrisse la seguente equazione:

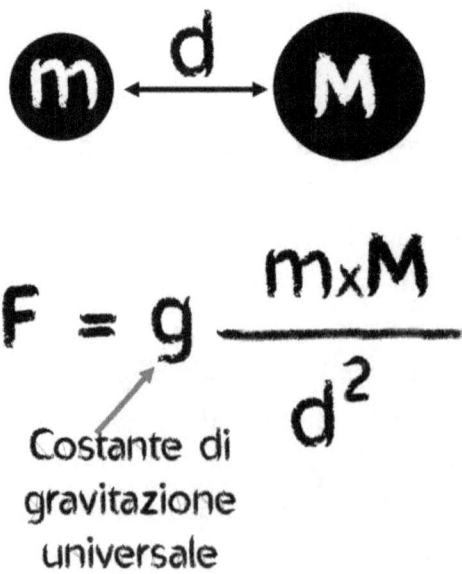

Newton: legge universale della forza di attrazione tra le masse

L' universalità di questa legge è stata provata da un'infinità di esperimenti: da essa dipendono le orbite dei pianeti intorno al

Principio di equivalenza

Sole e da questa legge sono nate altre formule che modellano esperimenti di un' enorme quantità di casi pratici.

Osserviamo quella "g" che appare nell'equazione e che Newton stesso definì "costante universale di gravitazione". Si tratta di un fattore caratteristico della materia in generale; sia qui sulla Terra sia su un qualsiasi altro corpo celeste ed anche nello spazio vuoto quel "g" rimane costante, è una proprietà intrinseca della materia.

Passiamo ora a considerare un altro fenomeno che, come quello visto ora, ci accompagna sempre e che consideriamo assolutamente normale tanto da non pensarci.

Supponiamo di percorrere in auto una strada rettilinea a velocità costante. L'auto sta ben attaccata a terra per la forza di gravità. Proviamo ad un certo punto a premere completamente l'acceleratore: sentiamo il nostro corpo schiacciarsi sullo schienale del sedile. Se freniamo improvvisamente andiamo a sbattere contro il parabrezza.

Questi fatti ci dicono che interviene un'altra forza che nulla ha a che fare con la gravità. E' una forza provocata dall'accelerazione e che varia in funzione di come freniamo o acceleriamo, cioè dipende dall'accelerazione.

Questa forza nella fisica viene chiamata "forza d'inerzia" per distinguerla dall'altra che chiamiamo "forza gravitazionale".

Ed ancora, poiché queste forze agiscono su delle masse che sono caratteristiche dei corpi possiamo attribuire a ciascun corpo due tipi di masse: la "massa gravitazionale" e la "massa inerziale".

La massa gravitazionale è quella che si esplicita quando il corpo entra in un campo di gravità come quello della Terra. La massa inerziale è quella che offre una resistenza all'accelerazione.

Teoricamente le due masse potrebbero avere valori diversi, almeno fino a tutto il secolo XIX nessuno aveva dimostrato che coincidessero.

Si sarà già capito che il nostro Einstein si è posto questa domanda e che ha concluso che le due masse coincidono. Risposta che sta alla base del castello della teoria generale della relatività.

Prima di entrare nelle spiegazioni date da Einstein è opportuno approfondire i concetti classici di massa ed accelerazione insiti in quella branca della meccanica che si chiama dinamica.

Nel corso di fisica delle scuole superiori si studiano proprio gli argomenti del moto di un corpo e delle sue leggi.

La prima riguarda il **"principio d'inerzia che afferma come un corpo in moto non soggetto a forze mantenga quel moto rettilineo ed uniforme"**

Noi oggi siamo in grado di verificare visivamente questo principio: quando un'astronauta al di fuori della gravità terrestre spinge in avanti a sé un oggetto e poi lo lascia andare, vediamo che l'oggetto prosegue il suo moto in avanti a velocità costante.

Sulla Terra non può avvenire perché la forza di gravità farebbe cadere l'oggetto.

La seconda riguarda la legge di Newton che afferma **"l'accelerazione di un corpo è direttamente proporzionale al prodotto della sua massa moltiplicata per l'accelerazione applicata"**.

Principio di equivalenza

In formula:

$$F = a \times M$$

Seconda legge della dinamica

Se ricaviamo la massa da questa semplice equazione troviamo:

$$M = \frac{F}{a}$$

Massa inerziale

Questa semplice formula ci dice un fatto estremamente importante e su cui la mente speculativa di Einstein si è soffermata a lungo, come vedremo.

La formula ci dice che la massa è una caratteristica specifica di quel corpo nel senso che più è grande e maggiore deve essere la forza per fargli acquisire una certa accelerazione, in altre parole il corpo oppone una resistenza sua specifica a farsi accelerare e quindi ad acquisire velocità

Il nostro senso comune ci dice che la cosa è ovvia, ma se vi chiedessi cosa c'è nel corpo che crea questa sua resistenza anche nello spazio vuoto assoluto come rispondereste? Dove diavolo si aggrappa quel corpo per resistere alla violenza della forza? Pensateci un attimo, non è chiaro per nulla!

Visto che un corpo isolato nello spazio comunque mantiene questo suo strano comportamento allora Einstein deve essersi domandato se dovesse esistere qualche relazione tra lo spazio e quel corpo.

Fermiamoci qui e per il momento consideriamo acquisito il **concetto di massa inerziale di un corpo come quella proprietà del corpo che si oppone alla forza che lo accelera.**

Se prendiamo quel corpo e lo poniamo in un campo gravitazionale generato da un altro corpo si genera tra di loro una forza di attrazione come abbiamo visto nella formula precedente della legge universale di Newton dell'attrazione tra corpi.

Se uno di quei due corpi ha dimensioni enormi rispetto all'altro allora possiamo trascurare la forza di attrazione del più piccolo. Ad esempio, il nostro corpo rispetto alla Terra è chiaramente trascurabile. E' vero che noi attiriamo la Terra, ma di così poco che nessuno strumento riuscirebbe mai a rilevarlo.

Chiamiamo infatti la nostra massa un "peso", sottintendendo con questo termine una quantità del nostro corpo riferito all'attrazione della Terra.

Sulla Luna "peseremmo un sesto", ma la nostra quantità di materia e la massa inerziale non cambia.

Chiamiamo quindi **"massa gravitazionale quella caratteristica di un corpo che soggetto ad una forza di gravità accelera verso il corpo che lo attrae".**

Chiamiamo **"massa inerziale quella caratteristica di un corpo che si oppone all'accelerazione resistendovi come se vi fosse una forza contraria".**

Principio di equivalenza

Entriamo ora nei ragionamenti che riguardano il rapporto tra massa inerziale e massa gravitazionale e cerchiamo di capire quale relazione li lega.

Come menzionato, useremo il ragionamento originale fatto da Einstein con quello che è diventato *"l'ascensore di Einstein"*.

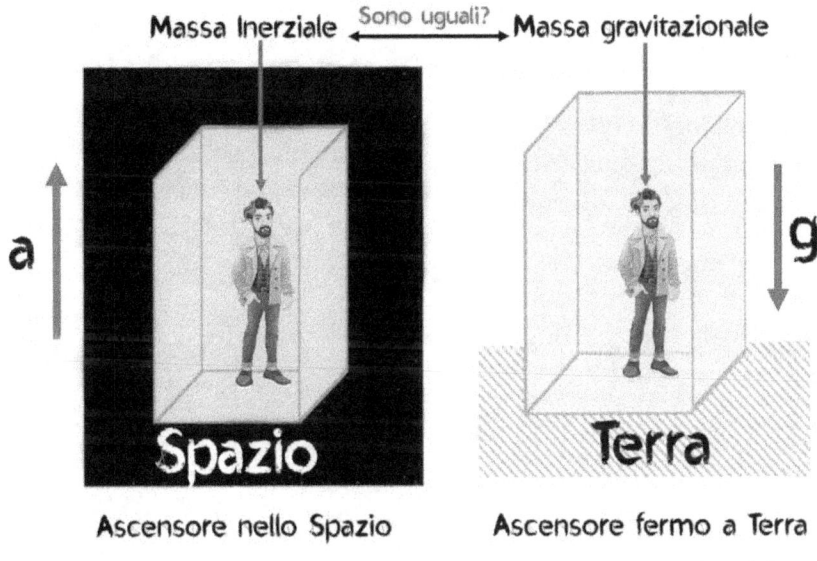

Sull'ascensore nello spazio agisce "a", sull'ascensore a Terra agisce "g"

Nel cammino del suo pensiero verso la teoria generale della relatività Einstein nel 1911 introdusse il **"principio di equivalenza"** affermando come: *"Gli effetti di un'accelerazione uniforme e costante su un osservatore non sono distinguibili da quelli che si avrebbero se l'osservatore fosse in stato di quiete, ma sotto l'azione di un campo gravitazionale uniforme"*.

Ecco il ragionamento di Einstein: *"Supponiamo di essere in una cabina chiusa di ascensore situata lontano nello spazio e che questa cabina venga trascinata verso l'alto da una forza costante. Coloro che si trovano all'interno di questa cabina si sentiranno schiacciati verso il pavimento. La stessa cabina in stato di quiete ed immersa in un campo gravitazionale uniforme e con l'opportuno valore, agirà per gli osservatori all'interno schiacciandoli verso il basso e gli osservatori dentro la cabina non saranno in grado di stabilire quale delle due situazioni stiano vivendo".* **_Questo è, appunto, il principio di equivalenza._**

Conseguenze del principio di equivalenza

Nel capitolo precedente abbiamo visto che la massa inerziale, cioè la proprietà intrinseca del corpo materiale di opporsi alle variazioni di moto e la massa gravitazionale che rappresenta la proprietà di un corpo di subire l'attrazione di un campo gravitazionale sono equivalenti.

Molti esperimenti, anche recentissimi, hanno dimostrato che quella equivalenza è anche un'uguaglianza numerica a meno di molti miliardesimi.

Questo importante principio alla base della relatività generale ha molte conseguenze, tra cui la curvatura della luce.

Prima di procedere è opportuno ed interessante scoprire come storicamente questa nuova formulazione degli effetti delle masse sia nata nella mente di Einstein.

Per fare questo dobbiamo citare alcuni fatti scientifici precedenti. Prima di Einstein si era capito che un certo tipo di massa, quella che ora chiamiamo inerziale, può essere misurata indipendentemente dalla gravità: non è altro che il rapporto "F" applicato alla massa "M" e la accelerazione "a" che ne consegue per la massa, proprio come afferma la prima legge di Newton $F=Ma$.

La massa gravitazionale, o meglio, il suo peso la si misura sulla Terra con una bilancia e quindi era noto che le due masse potessero essere diverse, anche se le misurazioni fatte da Newton stesso avevano già fatto intravvedere che dovessero essere molto simili.

Altre misurazioni molto precise realizzate alla fine del XIX secolo portavano tutte e due allo stesso risultato numerico.

Tutto quindi lasciava supporre che ci dovesse essere qualche profonda ragione per quel risultato ed Einstein stesso scrisse a proposito che: *"Forse si potrebbe formulare una legge sull'uguaglianza fra la massa inerziale e la massa gravitazionale. Ero meravigliato dal suo carattere universale e immaginai che vi fosse la chiave per una più profonda comprensione dell'inerzia e della gravitazione. Non avevo alcun serio dubbio sulla sua assoluta validità, pur non conoscendo i risultati dei lodevoli esperimenti di Eötvös, dei quali venni a conoscenza solo più tardi"*.

Lo scienziato Leonard von Eötvös aveva studiato la gravità apportandovi importanti contributi ed alla fine del secolo XIX, con misurazioni precise al millesimo, aveva dimostrato l'uguaglianza numerica tra massa gravitazionale e massa inerziale.

Nonostante tutte queste conoscenze non era affatto chiaro quale profonda ragione fisica fosse alla base di quell'uguaglianza, bisognava ancora attendere.

Una prima chiarificazione la intuì Einstein nel 1911 con l'esperimento mentale dei due ascensori che abbiamo visto nel capitolo precedente.

Vi era anche un altro fenomeno, per noi assolutamente naturale, ma il di cui significato scientifico ha tenuto banco per due secoli, fino all'inizio del XX secolo e che ha a che fare con l'argomento che stiamo trattando, cioè la "**forza centrifuga**".

La forza centrifuga ci è del tutto familiare fin da quando, bambini, frequentavamo le giostre e alcune di queste ci fanno girare vorticosamente, ci spingevano contro una parete che gira.

Se prendiamo un secchio pieno d'acqua attaccato ad una corda e, tenendo la corda in mano, lo facciamo girare velocemente intorno a noi, quel secchio si dispone quasi in orizzontale e l'acqua rimane dentro il secchio per la "forza centrifuga", come ci insegnano fin dalle scuole elementari.

Se però, un po' cresciuti, qualcuno ci domandasse che cos'è quella forza ebbene, non sapremmo rispondere, perché è un mistero di che cosa sia e da dove nasca!
Chiaramente non è una forza che si origina per effetto di altri corpi, anche se ai tempi di Newton si arrivò a supporre che fossero le stelle fisse a provocarla.
Il primo a darsene ragione e che ispirò Einstein fu lo scienziato austriaco Ernst Mach con il suo libro della fine del secolo XIX "**Scienza della meccanica**" in cui affermava: *"La materia lontana nell'universo influenza il comportamento degli oggetti accelerati e può fornire una spiegazione scientifica della forza centrifuga"*.

Si trattava di un primo grande passo che lo allontanava dai concetti classici di spazio assoluto e verso la ricerca della spiegazione che si sarebbe ottenuta solo con la relatività generale che spiega come massa, accelerazione e, quindi, anche la forza centrifuga, siano spiegabili con l'interazione tra spazio-tempo e masse accelerate.

Il "principio di equivalenza" tra le masse gravitazionali e inerziali è stato pertanto una vera e sofferta conquista con conseguenze non facilmente prevedibili per la fisica, tra cui la curvatura della luce supposta qualitativamente da Einstein già nel 1911 con il seguente esperimento mentale.

Con un ragionamento apparentemente semplice, ma dalle forti implicazioni, Einstein, rifacendosi all'esempio delle due cabine di ascensore utilizzate nel capitolo precedente, dimostra come sia necessario supporre questo strano comportamento della luce.

Partendo dal presupposto che la velocità della luce non è infinita ma uguale ad una costante "c", se la cabina di sinistra si muove verso l'alto allora la luce che parte alla destra della cabina, attraversa il foro della prima parete, raggiunge la parete di fronte dopo un minuscolo tempo: il tempo che la luce impiega dal foro alla parete.

Ma in quel piccolo tempo la cabina si è spostata verso l'alto e quindi anche il punto in cui la luce colpisce la parete sinistra sarà un po' più in basso.

Un osservatore esterno e fermo a terra vedrebbe quindi quel raggio di luce incurvato verso il basso.

L'osservatore all'interno della cabina in movimento vedrebbe invece il raggio sempre orizzontale esattamente come se fosse a terra.

Conseguenze del principio di equivalenza 43

L'accelerazione curva la luce

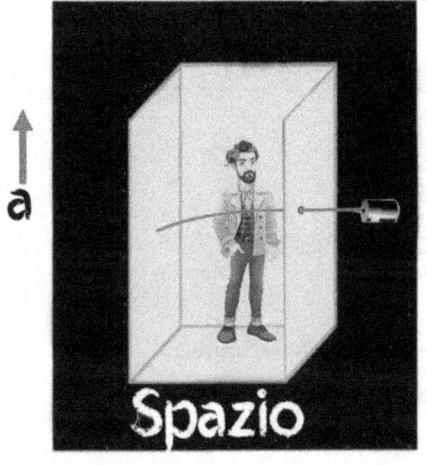
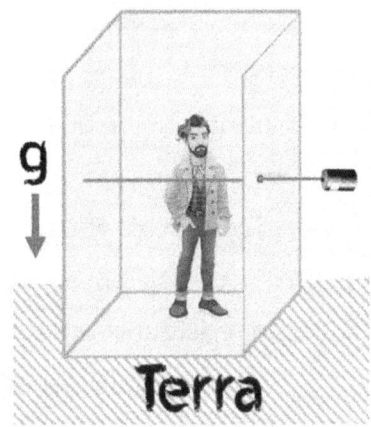

Ascensore nello Spazio   Ascensore fermo a Terra

L'osservatore a terra vede incurvarsi la luce di quello in movimento accelerato

Questo ragionamento puramente mentale e che prescinde ovviamente dalla realizzabilità pratica, conferma come anche la luce sia influenzata dall'accelerazione o, se si preferisce, dall'equivalente gravità in base al principio di equivalenza.

Da questo fatto Einstein intuì che la luce era governata da fenomeni di attrazione analoghi a quelli che influenzano le masse, di più, fu in grado di concepire la stessa luce come corpuscolare.

Del resto la luce trasporta energia ed in base alla precedente teoria della relatività speciale che aveva dimostrato la perfetta corrispondenza tra massa ed energia con la formula $E=mc^2$, la luce doveva essere anche massa.

<u>Dal principio di equivalenza abbiamo ottenuto, con puri ragionamenti e senza calcoli, che gravità e accelerazione o, per</u>

dirla in altro modo, in presenza di masse inerziali e gravitazionali, la luce si incurva.

Per la scienza moderna non basta intuire qualcosa come facevano i filosofi ai tempi della Grecia antica, uno scienziato deve trarne un modello matematico e poi verificarlo con l'esperienza pratica.

Einstein ci riuscì e nel 1916 pubblicò il suo modello, piuttosto complesso per la verità, e dopo oltre 100 anni quel modello resiste ancora a tutte le prove sperimentali.

Ammise anche apertamente che la cosa non gi fu facile e che fu costretto a ricorrere a strumenti matematici completamente nuovi per il suo tempo come gli sviluppi degli spazi di Riemann, la geometria di Gauss e la nuova geometria quadridimensionale del suo maestro Minkowski, il tutto condito con il calcolo tensoriale.

Sviluppo matematico della teoria

Nel capitolo precedente abbiamo visto la fondamentale novità costituita dal principio secondo il quale massa inerziale e massa gravitazionale sono equivalenti.

Le considerazioni puramente concettuali si scontrarono subito con la necessità di superare le teorie classiche a supporto delle quali tutta la storia scientifica nota ne aveva confermato la validità: in fondo con quelle equazioni si era in grado di predire la posizione futura dei pianeti ed addirittura le future eclissi anche avanti per centinaia di anni.

Ora, che la luce non si muova in linea retta e che sia incurvata dalla gravità richiede di rivedere tutte le basi teoriche. Einstein si trovò quindi ad elucubrare, dopo il 1911, su come riscrivere matematicamente il modello della meccanica. Tra l'altro anche la sua formidabile relatività speciale del 1905 col suo modello matematico non era più sufficiente.

Non si trattava solo di dover allargare l'analisi della natura a movimenti non più rettilinei ed uniformi, qui occorreva prendere in considerazione addirittura la "forma" dello spazio che varia: nasceva la domanda se dovevamo considerare il percorso di un raggio luminoso sempre dritto, ma in uno spazio deformato o in uno spazio ancora euclideo, quello che studiamo a scuola, con una luce che va a zig zag.

Anticipo che la conclusione di Einstein sarà che nel suo nuovo modello di spazio non avrà più senso parlare di linea dritta o linea storta, ma che i raggi di luce seguono in questo spazio delle linee che chiamerà "**geodetiche**" e che sostituiscono le famose rette del piano euclideo, quelle che nella scuola ci dicevano che se sono parallele non si incontrano mai (postulato della geometria di Euclide).

In sintesi, la geometria dello spazio in presenza di accelerazioni e quindi anche di masse non è più euclidea.

La necessità di cambiare era chiara, il problema era come, dove il "come" significa il costruire una nuova geometria con le sue equazione e che sia coerente con tutto quello che abbiamo descritto.

Se per trovare le equazioni che funzionano nello spazio euclideo l'umanità ci aveva messo duemila anni ora Einstein, con le sue intuizioni sbalorditive, si doveva costruire quelle nuove equazioni in pochi anni e ci è riuscito!

Senza sminuire la sua genialità devo aggiungere che il nostro scienziato si è trovato un po' la "pappa pronta" grazie a grandi matematici e fisici che l'avevano preceduto: senza Riemann, Mach, Gauss, Hilbert, Lorentz, Minkowski e Ricci, non ci sarebbe certamente riuscito.

Einstein poi, nelle sue conferenze riportava un esempio molto efficace per illustrare il fatto di come bisognasse abbandonare la geometria euclidea.

Affermava che, se su un disco fisico immaginario, un osservatore da fermo al centro misurasse il rapporto tra perimetro e diametro troverà quel pi-greco che tutti noi conosciamo dalle scuole elementari. Se invece il disco ruota quel rapporto non sarà più pi-greco.

Sviluppo matematico della teoria

Nel disco che ruota cambia il rapporto perimetro/diametro

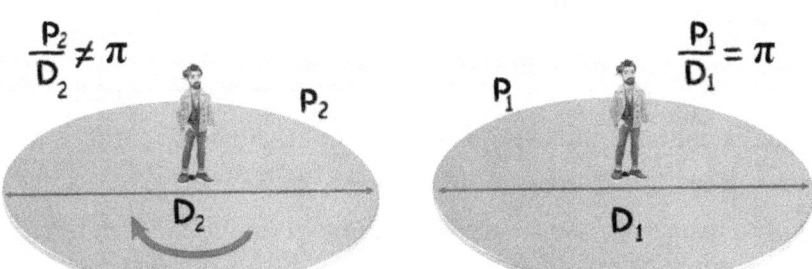

Effetto del principio di equivalenza: col moto cambia il π

Vediamo la motivazione di questa stranezza: se il disco gira l'osservatore al centro non vedrà il diametro contrarsi per effetto della relatività speciale perché il moto è perpendicolare rispetto la direzione del moto.

Ricordo che la teoria della relatività speciale dimostra come un corpo in moto appaia ad un osservatore fermo a terra, sempre con una lunghezza contratta nella direzione del moto.

Eseguendo misure sul disco in rotazione allontanandosi dal centro, questa misura subirà una contrazione crescente verso l'esterno.

La circonferenza misurata in moto risulterà più corta di quella misurata in quiete, sempre per l'osservatore fermo al centro.

Risultato: il rapporto tra questa circonferenza contratta ed il diametro che è rimasto di una lunghezza costante darà un numero minore di pi-greco, sempre per l'osservatore fermo al centro.

Per la relatività speciale anche il tempo sul perimetro, visto dall'osservatore al centro, subirà un rallentamento e così, a scalare, per tutti i punti intermedi tra centro e periferia.

Importante poi osservare che se sul disco rotante si effettuano misure con un campione di lunghezza fissa, la misura cambia a seconda del punto del disco in cui si fa la misura così come l'accelerazione. Il concetto di linea della geometria euclidea va a farsi benedire e quella geometria non può più essere utilizzata.

Se non è possibile definire le coordinate spaziali di un punto qualsiasi sul disco basandosi sulla geometria euclidea occorre abbandonare le coordinate cartesiane e la concezione euclidea di spazio per non parlare del tempo non più assoluto

Einstein, nella sua ricerca per una soluzione, scoprirà come le coordinate dello spazio geometrico, introdotte dal matematico Gauss cento anni prima, risolverà questo problema e potrà così estendere il criterio delle coordinate cartesiane anche a continui non euclidei grazie ad una nuova geometria quadridimensionale che presto vedremo.

Spazio Geodetico

Abbiamo visto come il "principio di equivalenza", nella sua apparente semplicità, abbia comportato conseguenze catastrofiche per tutta la fisica classica basata su spazio euclideo, velocità della luce infinita ed accelerazioni regolate dalla semplice equazione di Newton $F=m_x a$.

Nel voler estendere la sua già complessa teoria della relatività speciale ai moti accelerati e per sistemi di riferimento generici, anziché inerziali, Einstein si è trovato di fronte a complessità che non aveva immaginato ed in un suo documento che riporto testualmente, ha affermato:

"*Mi parve subito chiaro come il far intervenire trasformazioni non lineari per generalizzare le trasformate di Lorentz al fine di includervi le accelerazioni, come richiede il principio di equivalenza, era fatale per la semplice interpretazione fisica delle coordinate. Non si poteva pensare che differenziali delle coordinate corrispondessero a risultati diretti di misure compiute con righelli ed orologi ideali. Il fatto mi infastidì molto perché ci impiegai parecchio tempo per comprendere il significato generale delle coordinate. Trovai la soluzione a questo problema solo nel 1912.*"

Per coloro che fossero interessati ad uno studio approfondito sul processo mentale di Einstein per giungere ad una soluzione, suggerisco di consultare questo suo documento che riporta in inglese la nota sopra citata: "*Albert Einstein – Notes on the Origino of the General Theory of relativity. Essais on Science*".

Proseguiamo ora seguendo qualitativamente il percorso logico di Einstein che è senz'alto il miglior modo per comprendere un argomento difficile da descrivere, senza l'utilizzo dello strumento matematico.

Il fatto nuovo e rivoluzionario, citato nel corsivo, di cui Einstein doveva tener conto era la **stretta connessione tra la geometria dello spazio-tempo e la gravità**, quella connessione che oggi viene trattata con disinvoltura quando si parla di buchi neri e di onde gravitazionali, argomenti che si trovano quasi quotidianamente su giornali e pubblicazioni scientifiche, ma che al tempo di Einstein era un fatto da fantascienza e mai né sperimentato né teorizzato.

Per fare il necessario salto, un primo passo è comprendere come si forma la geometria euclidea. Ricordo che questa geometria, nata nell'antica Grecia, si basa sull'idealizzazione di linee, piani e punti: precisamente le linee, con la loro unica dimensione, si allungano all'infinito e se parallele non si incontrano mai. I punti sono senza dimensioni e le superfici su cui quei punti e quelle linee si appoggiano hanno due sole dimensioni e sono perfettamente piane.

Queste ipotesi permisero ai filosofi Greci di costruire tutta una serie di teoremi come quello di Pitagora, di Talete e molti altri che si dimostrarono utili in pratica e che si insegnano nelle scuole superiori ancora oggi.

Tutta quella geometria classica, pur essendo una approssimazione della realtà, hanno permesso all'umanità di costruire ponti, studiare l'universo, misurare ogni cosa utile ed ancora oggi la si usa nel 99,99% delle nostre attività.

Spazio geodetico

Ecco che all'apparire di fenomeni naturali per i quali l'approssimazione di quella geometria classica non funziona più se ne deve creare una nuova, che tenga conto della nuova realtà

La nuova realtà è quella con cui Einstein fu costretto a misurarsi e che per contemplarla fu costretto a creare uno strumento nuovo che oggi chiamiamo "teoria della relatività generale" la quale si fonda su una nuova geometria che idealmente "vesta" in modo corretto una serie di fenomeni mai presi in considerazione prima.

Tornando alla geometria Euclidea possiamo affermare che a quelle linee ideali si possono associare nella natura i raggi di luce, sempre ritenuti propagarsi all'infinito in linea retta nel loro spazio ideale.

Sempre in quello spazio ideale per individuare un punto abbiamo inventato le coordinate cartesiane, degli assi numerati di modo che con due numeri riusciamo ad individuare la posizione di quel punto.

Ora però Einstein dimostrerà nella teoria della relatività generale che non è il raggio di luce che si incurva come prevede la teoria della relatività speciale (o ristretta), ma è lo spazio che si deforma a seguito della presenza delle masse gravitazionali.

Ha pensato quindi di sfruttare sempre le coordinate cartesiane per individuare un punto su un piano, piano deformato dalla gravità, e di disporre quei numeri per individuare la posizione di quel punto su nuove linee che vengono chiamate **"geodetiche"** e che non sono altro che i percorsi tortuosi dei raggi di luce.

Massa che deforma lo spazio

Geodetiche: linee percorse dalla luce nello spazio deformato dalla massa

Appare chiaro anche ad un non matematico che le semplici relazioni che si studiano a scuola con riferimento a superfici piane e rette ora si complicano all'inverosimile; gli operatori che noi tutti conosciamo come somma, prodotto, divisione e così via devono essere sostituiti da operatori ben più complessi e che fanno parte del calcolo differenziale.

Per poi descrivere in uno spazio così deformato anche i corpi in movimento con riferimento a qualsiasi sistema di coordinate, la complicazione si moltiplica almeno di cento volte e non per niente Einstein ci ha impiegato undici anni, prima per capirla, e poi per descriverla.

Probabilmente un laureato in matematica, solo per studiare tutta questa materia, impiagherebbe un anno, per cui noi, umili mortali, limitiamoci a conoscerla da un puro punto di vista qualitativo.

Cominciamo col togliere di mezzo provvisoriamente la gravità, cioè quella distorsione dovuta alla gravità, e vediamo come si possa costruire una geometria che tenga conto della sola relatività speciale, quella, per intenderci, che afferma che lo

Spazio geodetico

spazio ed il tempo sono relativi o meglio interconnessi indissolubilmente.

Chi conosce quella teoria, o ha letto il mio volume precedente dovrebbe ormai sapere che fu il maestro di Einstein, il professor Minkowski, a prendere in mano la teoria di Einstein ed a costruirvi sopra una geometria quadridimensionale.

In questa geometria la quarta dimensione è il tempo, o meglio, il prodotto "**ct**" tra tempo e velocità della luce come visto in precedenza.

Questa geometria è abbastanza simile a quella euclidea e nella tecnica viene proprio chiamata "**pseudo-euclidea**" perché si mantiene "piatta" come quella euclidea.

Qui la luce viaggia lungo linee rette, cioè si possono usare le coordinate cartesiane e tutto quello che ne consegue per cui gli operatori della matematica elementare intervengono in modo abbastanza semplice; unica avvertenza è quella che se vogliamo sommare due segmenti in questo spazio, il tempo ha un suo ben preciso ruolo.

Mettendo delle masse nello spazio quadridimensionale, entra in gioco la gravità e quelle linee rette percorse dai raggi di luce diventano curve e lo spazio-tempo si deforma, come nella figura precedente.

La geometria euclidea sparisce a meno che gli effetti della gravità sia così debole da diventare trascurabile come nella maggior parte delle nostre attività di bravi terrestri ed allora Euclide e Newton ci sono sufficienti, come nella maggior parte dei casi pratici sul nostro pianeta.

Anche in presenza di masse modeste possiamo sempre usare lo spazio euclideo, e lo si fa, considerando i nuovi percorsi dei raggi di luce come geodetiche rettilinee da utilizzare come riferimenti per i nostri calcoli.

Se però si vuole viaggiare nello spazio con un'astronave ultraveloce o, peggio, dalle parti di un buco nero, meglio che facciate attenzione con quelle teorie, o finirete con l'andarci a sbattere!

Per comprendere gli ordini di grandezza in gioco e come mai le vecchie teorie classiche siano una così buona approssimazione delle teorie relativistiche generali si pensi che con la sua relatività generale Einstein ha previsto che la massa del sole avrebbe piegato un raggio di luce, che passi vicino al bordo del Sole, di solo 1, 76 secondi d'arco.

Ben diverso il discorso in un buco nero dove la massa concentrata piega la luce addirittura con valori tali da far girare la luce su se stessa e così da non permetterle di sfuggire.

In tutte le nostre considerazioni che abbiamo fin qui fatto sugli effetti delle masse e cioè che con la loro presenza incurvano lo spazio-tempo quadridimensionale, non devono essere interpretate guardando semplicemente la figura precedente o gli esempi che spesso si utilizzano con un tappeto elastico ed una palla pesante al centro che lo piega.

<u>Queste immagini possono essere fuorvianti se non si tiene ben presente che la massa non agisce nello spazio tridimensionale, ma in quello quadridimensionale non rappresentabile con tre dimensioni. In sostanza la gravità non distorce solo lo spazio ma anche il tempo. Nei pressi della gravità il tempo rallenta e l'equazione riportata in copertina tiene conto anche di questo importante fatto.</u>

Il tempo e la gravità

Tra relatività speciale e relatività generale il tempo è strattonato da tutte le parti. Per la relatività speciale, se un corpo si avvicina alla velocità della luce il suo tempo si contrae e tende a zero. Per la relatività generale, più il corpo si allontana dalla gravità e più il suo tempo si allunga. Il povero tempo nel nuovo mondo di Einstein diventa un bel soggetto conteso.

E pensare che fino al 1905 e per un milione di anni l'umanità aveva considerato il tempo un qualcosa di assoluto e che ovunque nell'Universo dovesse scorrere allo stesso modo, compreso sull'Olimpo degli antichi Greci.

Per la verità qualche civiltà aveva tentato di fermarlo imbalsamando i propri morti, mi riferisco agli antichi egizi, ma mi sembra con scarso successo.

Sembra proprio che il Grande Vecchio, come lo chiama Einstein, ci abbia messo in un universo pieno di sorprese dove nulla è stabile e nulla è scontato e che più scaviamo e più si allontana la luce in fondo al tunnel si allontana.

E qui stiamo trattando qualcosa che per noi del XXI secolo potrebbe essere considerato argomento acquisito e risaputo.

Se poi mettiamo sul piatto altre scoperte avvenute dopo il 1916, come il principio di indeterminazione di Eisenberg, l'entanglement e la meccanica quantistica tutta, per non parlare della materia oscura e dell'energia oscura che pervadono tutto l'Universo, dobbiamo proprio dire che, anziché capire il tutto sempre meglio, questo tutto si allontana sempre più da noi.

Tornando alla nostra "antica relatività" e lasciando alcune di queste considerazioni cosmologiche all'ultimo capitolo di questo libro, vediamo di inquadrare un po' più sistematicamente questo tempo einsteiniano.

Ripercorriamo l'intuizione di Einstein che lo ha portato a concludere che, in presenza di un campo gravitazionale, spazio e tempo si deformano.

Consideriamo il moto accelerato del nostro disco rotante su cui si trovano due osservatori: uno al centro ed uno sulla periferia del disco. L'osservatore sulla periferia sente un'accelerazione che lo proietta verso l'esterno e che il senso comune chiama forza centrifuga.

Nel disco che ruota il tempo in periferia scorre più lentamente

L'osservatore sulla periferia invecchia più lentamente

Per questo l'osservatore è come fosse attratto verso l'esterno dalla presenza di gravità.

Se l'osservatore sulla periferia fosse chiuso da pareti e non potesse guardare all'esterno, ignorando di trovarsi in un sistema in rotazione, sicuramente attribuirebbe la forza che lo spinge verso l'esterno ad una forza di gravità originata da una massa esterna pur essendo tutto dovuto all'accelerazione generata dalla rotazione del disco.

Un osservatore esterno scientificamente informato, saprebbe che la gravità deforma lo spazio intorno all'osservatore chiuso nella sua scatola e che ruota in periferia ed inoltre saprebbe che per la teoria della relatività speciale anche il tempo di quell'osservatore rotante si dilata per effetto della sua velocità di rotazione.

Ma l'osservatore nel suo spazio chiuso sulla periferia del disco rotante è solo in grado di rilevare che il suo spazio si deforma ed il suo tempo si dilata e può solo imputare questi effetti alla gravità in quanto non avrebbe modo di verificare che è in moto su un disco che ruota intorno ad un centro.

In altri termini, questo esperimento mentale del disco rotante porta a supporre che l'accelerazione causa la modifica dello spazio-tempo.

Da queste considerazioni Einstein è partito per il lungo cammino di trasformare questa intuizione in una costruzione matematica molto complessa per provarlo e ci riuscì, come sappiamo, descrivendola nella sua pubblicazione del 1916.

Spesso le astronavi della fantascienza hanno interpretato abbastanza bene la creazione di una gravità artificiale utilizzando un'area circolare in moto rotatorio costante che bene rappresenta il nostro disco rotante e l'osservatore sulla periferia del disco.

Un anello rotante crea per gli astronauti uno spazio con gravità in una astronave

Esperimento Pound-Rebka

Le conferme della teoria della relatività generale sono innumerevoli e le prime risalgono a poco dopo la sua pubblicazione nel 1916.

La prova astronomica per opera di Eddington che, durante l'eclisse in Sudafrica del 1919, confermò la previsione della curvatura della luce per effetto della gravità solare fu la prima e anche quella che rese Einstein famoso.

Dopo quella data le conseguenze di quella teoria si sono misurate in un'infinità di esperimenti, come la verifica sulla misteriosa precessione del moto del pianeta Mercurio, spiegata ora con la distorsione dello spazio per opera della massa solare.

Ogni esperimento ha migliorato nel tempo la misura quantitativa delle previsioni di Einstein: per la scienza infatti non è sufficiente affermare che una teoria è giusta, alla scienza interessa anche sapere "quanto" una teoria è giusta.

Del resto sappiamo bene come la teoria universale di Newton abbia resistito per secoli, grazie ad innumerevoli prove ed è ritenuta corretta ancora oggi, solo che se trattiamo grandi masse ed elevate velocità, quella teoria scricchiola.

Questo è il motivo per cui si cercano i limiti quantitativi della teoria di Einstein; in altre parole si indaga con strumenti sempre più sofisticati e precisi per verificare a quali valori potrebbe cominciare a vacillare.

Nell'indagare fino a quali valori sia stata oggetto di verifica mi sono imbattuto nell'esperimento Pound-Rebka, realizzato dagli scienziati Robert Vivian Pound e Glen Anderson Rebka nel 1959 e pubblicato in una lettera sul Physical Review di cui riporto qui l'immagine della testata. Gli studenti di fisica ed i ricercatori interessati possono ritrovarla in originale in internet.

PHYSICAL REVIEW LETTERS

| Volume 4 | APRIL 1, 1960 | Number 7 |

GRAVITATIONAL RED-SHIFT IN NUCLEAR RESONANCE

R. V. Pound and G. A. Rebka, Jr.
Lyman Laboratory of Physics, Harvard University, Cambridge, Massachusetts
(Received October 15, 1959)

It is widely considered desirable to check experimentally the view that the frequencies of electromagnetic spectral lines are sensitive to the gravitational potential at the position of the emitting system. The several theories of relativity predict the frequency to be proportional to the gravitational potential. Experiments are proposed to observe the timekeeping of a "clock" based on an atomic or molecular transition, when where R is the radius of the earth and h is the altitude measured in cm. Very high accuracy is required of the clocks even with the altitudes available with artificial satellites. Although several ways of obtaining the necessary frequency stability look promising, it would be simpler if a way could be found to do the experiment between fixed terrestrial points. In particular, if an accuracy could be obtained allowing the meas-

Esperimento Pound-Rebka: prova l'elevata precisione della relatività generale

Nella letteratura scientifica si afferma che i risultati di questo esperimento sembrano ancora oggi tra i più precisi nel confermare l'esattezza della teoria generale fino a limiti incredibili, esperimento che ritengo interessante descrivere perché è stato realizzato senza ricorrere allo spazio infinito, ai buchi neri o ad altre prove spaziali, ma proprio qui sulla Terra ed in uno spazio limitato.

La teoria considera quello che si chiama il "red-shift" ben noto agli astronomi e che indica lo spostamento verso il rosso dello spettro della luce emessa da una stella che si allontana o provenendo da una grande massa come il Sole: la luce che viaggia dalla gravità del Sole verso la Terra, allontanandosi dalla gravità del Sole, sposta la sua frequenza verso il rosso

Il red-shift di un'onda elettromagnetica come la luce è simile all'effetto di un'onda sonora quando viene emessa da un oggetto che si allontana da noi, tipo il rombo di un auto che si allontana velocemente: il suono dell'auto, allontanandosi, sembra abbassare il tono perché la sua frequenza diminuisce e potremmo chiamare il fenomeno sound-shift.

Il red-shift è quindi l'analogo con la luce che opera con frequenze enormemente superiori a quelle del suono: passando dalla luce blu alla rossa la frequenza della luce si abbassa o, ciò che è lo stesso, la sua lunghezza d'onda aumenta e questo avviene se l'oggetto che la emette si allontana dall'osservatore o proviene da una gravità maggiore.

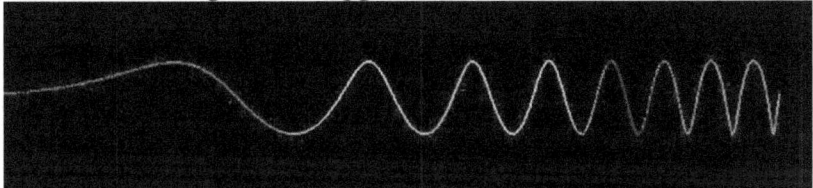

Red-Shift, la lunghezza d'onda allungandosi tende al rosso

La teoria della relatività generale quantifica di quanto la luce riduce la sua frequenza, red-shift, passando da una gravità più forte ad una gravità più debole. Questo avviene, per esempio, quando un raggio luminoso giunge a noi dal Sole. Come noto il Sole ha una massa enormemente superiore a quella della Terra con una gravità sulla superficie 30 volte maggiore, e l'effetto è stato misurato più volte dagli astronomi.

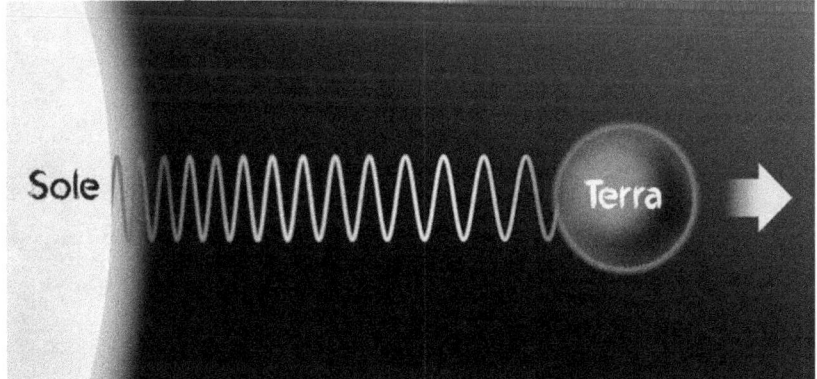

Einstein predice che la luce tende al rosso diminuendo la gravità

Il precisissimo esperimento Pound-Rebka di cui qui trattiamo è riuscito a misurare il red-shift sulla Terra tra un soffitto ed un pavimento lontani solo poco più di 20 metri, ma comunque sufficienti per creare una piccola variazione della gravità terrestre.

Questo interessante e geniale esperimento mostra come anche con modeste distanze la bella teoria di Einstein eserciti la sua precisissima influenza.

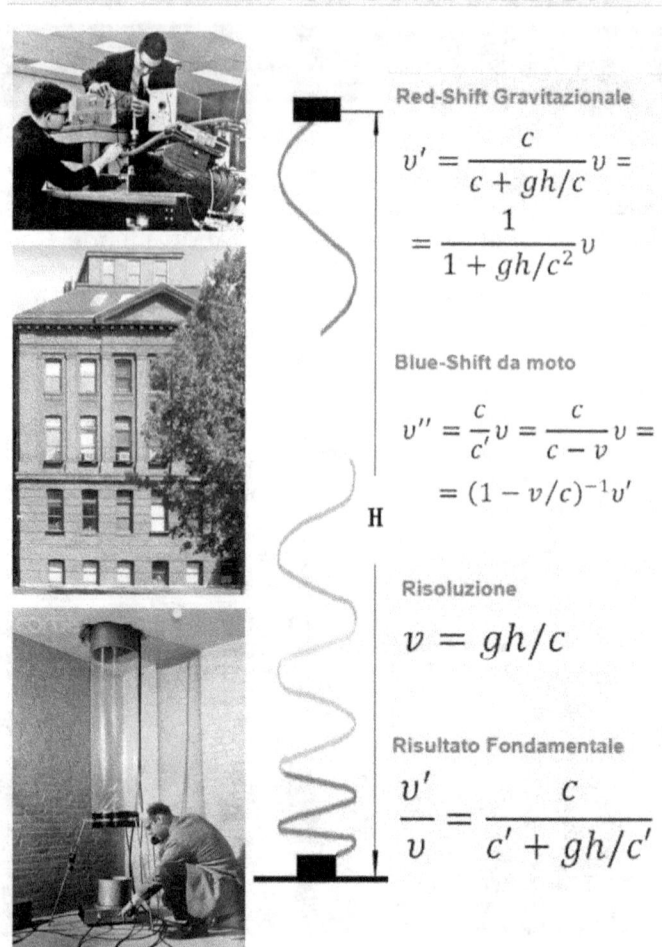

ESPERIMENTO POUND-REBKA

Red-Shift Gravitazionale

$$v' = \frac{c}{c + gh/c} v = \frac{1}{1 + gh/c^2} v$$

Blue-Shift da moto

$$v'' = \frac{c}{c'} v = \frac{c}{c - v} v = (1 - v/c)^{-1} v'$$

Risoluzione

$$v = gh/c$$

Risultato Fondamentale

$$\frac{v'}{v} = \frac{c}{c' + gh/c'}$$

Il raggio gamma tende al rosso andando dal basso verso l'alto

Pound e Rebka hanno utilizzato i fotoni di una radiazione emessa da un isotopo radioattivo nella banda elettromagnetica dei raggi gamma ad altissima frequenza.

L'esperimento fu condotto ad Harvard nel 1959 utilizzando la Jefferson Tower del campus alta 22,5 metri e questo esperimento è considerato l'ultimo dei tre classici esempi di verifica ad alta precisione della teoria della relatività generale.

Nella immagine si vede Mr. Pound nella parte alta della Tower e Mr. Rebka al piano terra che controllano i loro strumenti, mentre una radiazione gamma emessa da una sostanza radioattiva rimbalza tra i due rivelatori.

L'esperimento ha dimostrato l'esistenza dello spostamento spettrale gravitazionale previsto dalla teoria generale ed in perfetto accordo quantitativo.

Il marchingegno impiegato è molto complesso nei suoi dettagli tecnici; il lettore interessato alla documentazione specifica può ricercarne i dati in internet.

A noi qui interessa solo il principio logico utilizzato che è molto semplice. L'immagine riporta a destra le equazioni utilizzate per calcolare la variazione di frequenza del raggio gamma tra il piano terra ed il soffitto (ν e ν').

Durante l'esperimento sono stati ripresi un gran numero di fotogrammi ad altissima precisione e poi confrontati.

Quando i fotoni provenienti dall'alto venivano misurati in basso, le loro lunghezze d'onda erano diminuite, cioè spostate verso il blu, di una piccolissima quantità, mentre quando i fotoni dal basso venivano misurati in alto le loro lunghezze d'onda erano aumentate, cioè spostate verso il rosso.

Misurando la differenza di quegli spostamenti con strumenti ottici particolari si è provato che erano in perfetto accordo con quanto Einstein aveva previsto e con un piccolo margine di incertezza.

Esattamente fu verificato che se poniamo uguale ad "1" la lunghezza d'onda in partenza, l'esperimento ha fornito i seguenti risultati:

Per un raggio gamma emesso dal basso di lunghezza d'onda 1 misurato in alto la sua lunghezza d'onda risultava di 1,000000000000002455.

Per un raggio gamma emesso dall'alto di lunghezza d'onda 1 misurato in basso la sua lunghezza d'onda risultava di 0,999999999999999755.

Una differenza tra i valori rilevati infinitesima, ma alla portata degli strumenti utilizzati da Pound e Rebka.

Pound-Rebka Experiment: https://bit.ly/2ImxnHQ

Un po' di matematica, ma non molta

Il lettore non si spaventi dal titolo di questo capitolo. L'obiettivo di inserire qualche nozione discende dal titolo del libro che afferma "quasi-divulgativa".

Nel seguito affronteremo, sfiorandola, la grande costruzione matematica che Einstein ha dovuto affrontare per passare dalle sue intuizioni ai calcoli che quelle intuizioni richiedevano per essere dimostrate.

Se lo stesso Einstein non era in grado di procedere con la sola non indifferente dose di matematica che conosceva e che aveva utilizzato per la sua teoria speciale della relatività, qui siamo ai vertici della complicazione, inarrivabili persino da parte di buoni matematici non specializzati sull'argomento.

Ci limiteremo pertanto a dare qualche indizio ed in particolare a spiegare la semantica in gioco, spesso citata, per togliere un po' di quel mistero che tutta questa parte della fisica mantiene per necessità verso i più.

Nell'affrontare i problemi per passare dalla teoria speciale del 1905 a quella generale del 1916, Einstein ha dovuto sfruttare le conquiste matematiche di altri scienziati tra cui importanti sono stati i suoi contemporanei come il suo professore Hermann Minkowski e poi Gregorio Ricci Curbastro e Tulio Levi Civita. Le sue teorie attingono anche da predecessori quali Carl Friedrich Gauss, Bernhard Riemann e David Hilbert.

Per cominciare il nostro escursus, leggiamo in originale ed in ordine crescente gli argomenti che nei suoi testi Einstein definisce fondamentali per il processo di formulare la sua teoria e dove i termini sottolineati spiegheremo nel seguito.

1 - "Il postulato della relatività generale richiede che le equazioni della fisica siano covarianti nei riguardi di qualsiasi sostituzione delle coordinate che regolano la descrizione di movimenti tra sistemi di riferimento in <u>moto reciproco qualsiasi</u>".

2 - "Bisogna abbandonare l'interpretazione fisica dello <u>spazio-tempo</u> secondo la quale due prefissati punti intermedi di un corpo rigido fisso corrisponde sempre ad una distanza che ha un valore ben definito, valore che non dipende dal luogo in cui si trova il corpo né dall'<u>orientamento</u> e che non dipende nemmeno dal tempo".

3 - "Le leggi della fisica debbono essere di natura tale che le si possa applicare a <u>sistemi di riferimento comunque in moto</u>".

4 – "Il <u>continuo spazio-temporale</u> esige la covarianza generale per le equazioni che esprimono le leggi generali della natura".

5 – Le leggi generali della natura debbono potersi esprimere mediante equazioni che valgano per tutti i sistemi di coordinate, siano cioè covarianti rispetto a qualunque sostituzione (<u>covarianti in modo generale</u>).

6 – "Espressione analitica per il campo gravitazionale: relazione delle quattro coordinate con le <u>proprietà metriche dello spazio e del tempo</u>".

7 – Mezzi matematici per la formulazione di equazioni covarianti in modo generale.

8 – "<u>Quadrivettori</u> covarianti e contro varianti".

9 – "<u>Tensori di secondo ordine</u> e di ordine superiore".

10 – "Proprietà del <u>tensore fondamentale</u>".

11 – "Traiettoria del punto nello spazio-tempo ossia <u>equazione della geodetica</u>".

14 – "Teoremi della quantità di moto e dell'energia (<u>Funzione di Hamilton per il campo gravitazionale</u>)".

Un po' di matematica ma non molta

Vediamo i singoli argomenti sottolineati.

Covarianti ossia covarianza. E' una relazione tra variabili, o meglio, due o più variabili che abbiano delle variazioni tra di loro collegate in un certo modo. Si utilizza nel mondo del calcolo tensoriale e, per quanto ci riguarda, indica una modalità con cui nell'equazione della teoria generale della relatività i tensori che correlano il variare dello spazio-tempo al variare della massa.

Moto reciproco qualsiasi. Si riferisce al movimento tra osservatori senza la limitazione imposta dalla teoria della relatività speciale (o ristretta). La validità della teoria precedente si limitava ai moti rettilinei ed uniformi e senza la presenza di accelerazione o gravità. Ora Einstein generalizza aprendo la ricerca sulla fisica dei moti qualsiasi e senza limitazioni.

Spazio-Tempo. La geometria che la teoria generale della relatività prende in considerazione comprende anche la coordinata tempo. Siamo nello spazio quadridimensionale.

Sistemi di riferimento comunque in moto. Altra espressione del già visto "moto reciproco qualsiasi" che qui si riferisce ai sistemi di riferimento non più di tipo inerziale, appunto con moto rettilineo ed uniforme.

Continuo Spazio-Temporale. Lo spazio ed il tempo, fra loro interdipendenti, nella teoria generale assume il ruolo di "oggetto continuo" con una sua propria identità che nulla ha a che fare con lo spazio vuoto come concepito nel mondo classico. Siamo immersi in un "continuo spazio-temporale" che si muove, si modifica come un grande mare in cui onde gravitazionali lo percorrono in lungo ed in largo.

Covarianti in modo generale. E' un'estensione di quanto già visto con la covarianza. Qui Einstein intende affermare che occorre prescindere da qualsiasi coordinata per descrivere l'universo e che le sue leggi devono essere indipendenti da qualsiasi sistema di riferimento venga scelto. Dal punto di vista matematico si passa dal mondo classico dei riferimenti assoluti al mondo einsteiniano che non vuole nessun riferimento preferenziale.

Proprietà metriche dello spazio e del tempo. In questa parte della sua teoria Einstein si riferisce alla geometria quadridimensionale di Minkowski vista in un capitolo precedente. In questa geometria un punto è definito da 4 coordinate di cui 3 spaziali ed una temporale. Minkowski utilizzò il tempo moltiplicandolo con la velocità della luce (ct) trasformando così la coordinata tempo in una coordinata spaziale (moltiplicando un tempo con una velocità si ottiene uno spazio).
Si ottiene in questo modo una geometria quasi-euclidea con distanze misurabili come nello spazio euclideo a tre dimensioni.

Quadrivettori. In uno spazio euclideo si studiano i vettori che non sono altro che segmenti dotati di direzione e che possono essere sommati, sottratti, ecc. dando origine al calcolo vettoriale. Se ci spostiamo nello spazio quadridimensionale, quello di Minkowski, quei vettori diventano quadrivettori e si muovono in un nuovo spazio che comprende la quarta dimensione, il tempo.

Tensore fondamentale. Einstein per descrivere formalmente la curvatura dello spazio-tempo in presenza della gravità utilizza il calcolo tensoriale e sviluppa un particolare tensore che ha preso il suo nome.

Equazione della geodetica. L'espressione qui utilizzata è l'analoga della equazione di una retta nella geometria euclidea. Trovandoci nello spazio-tempo un raggio di luce percorre una geodetica, cioè una retta in uno spazio distorto dalla gravità. La sua descrizione matematica non è più quella che si studia nelle scuole superiori ma un'equazione ben più complessa e che la teoria della relatività generale individua con precisione.

Funzione di Hamilton per il campo gravitazionale. Si tratta dell'applicazione allo spazio-tempo di un particolare "calcolo delle variazioni" inventato dallo scienziato Hamilton che consiste nel trovare la distanza minima tra due punti mediante spostamenti infinitesimali. Applicato allo spazio-tempo ha consentito ad Einstein di giungere alle equazioni della gravitazione.

Einstein con le sue intuizioni scoperchiò uno dei più stretti misteri della natura consistente nella realtà quadridimensionale di tutto quello che ci circonda.

Lo spazio nel mondo classico ed ancora per quasi tutti noi oggi è un luogo per contenere oggetti e senza di quelli lo consideriamo "vuoto", "inesistente" ed "impalpabile".

Il tempo un etereo divenire che ci invecchia tutti allo stesso modo e la cui esistenza si rende visibile col muoversi degli oggetti e col nostro nascere e morire.

Ora sappiamo che tutto questo è un qualcosa di ben più complesso, che lo spazio è una realtà indipendente dagli oggetti ed il tempo ne è intimamente collegato e che insieme si modificano, si distorcono interagendo con la materia di cui diventano un tutt'uno.

Siamo ancora lontani dal capire come il tutto sia iniziato ed ancora stiamo cercando, senza esserci riusciti, di collimare le nuove teorie quantistiche con le due relatività di Einstein, teorie quantistiche a cui Einstein non ha mai creduto.

Siamo in mezzo ad un guado che si allarga sempre più, credevamo di conoscere molto della natura e dell'universo ed ora scopriamo che quello che conosciamo è solo il 4% dell'esistente: la materia e l'energia oscura di cui conosciamo indirettamente l'esistenza occupa l'altro 96%, ma non riusciamo nemmeno a vederla e tantomeno a spiegarcene l'origine.

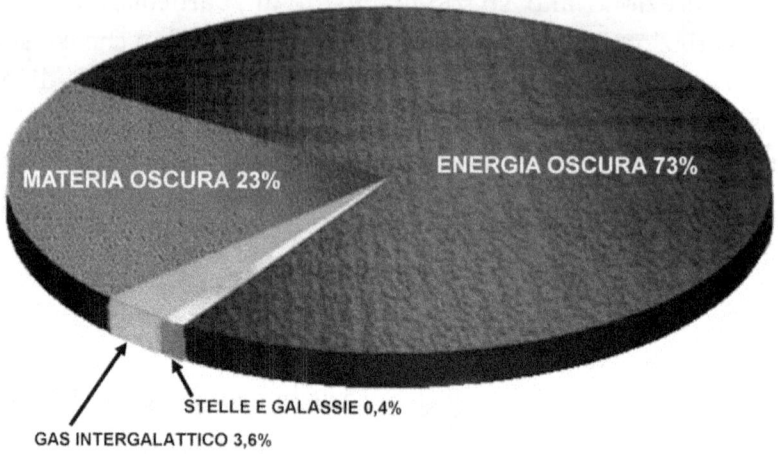

Ancora molta strada dovremo percorrere per poter abbracciare in modo più completo quel vaso di Pandora che Einstein ha aperto.

Per ora limitiamoci a constatare qualche conseguenza delle teorie della relatività.

Deformazione dello spazio

Anche lo spazio attorno alla Terra è deformato come prevede la teoria della relatività generale e come verificato dall'esperimento "Gravity Probe B" realizzato dalla Stanford University in collaborazione con la NASA nel 2011.

Questo satellite ha dimostrato sia la deformazione sia l'effetto trascinamento dello spazio provocati della massa terrestre in movimento.

E' come se la Terra fosse immersa in un liquido viscoso e col suo movimento rotatorio e la rivoluzione intorno al Sole muovesse, deformandolo, questo liquido.

Questo effetto è straordinariamente piccolo e si è potuto scoprirlo e misurarlo grazie a dei giroscopi ad altissima precisione che hanno leggermente modificato il loro asse di rotazione mentre erano in orbita intorno alla Terra.

Le misure effettuate hanno fornito valori in perfetto accordo con le equazioni della teoria generale di Eistein.

Deformazione dello spazio per effetto della massa

Lo scienziato Francis Everitt, a capo di questo esperimento, in una pubblicazione sulla rivista Physical Review ha descritto come sia stata una sfida eccezionale e che dopo un anno di raccolta dati abbiano misurato una precessione geodetica di 6.600 +/- 0,017 milliarco-secondi/anno e un effetto di trascinamento del campo di 0,039 +/- 0,007 milliarco-secondi/anno.

Ricordo che la precessione, come quella vista per il pianeta Mercurio, in questo caso è l'oscillazione dell'asse dei giroscopi generata dalla massa della Terra mentre l'effetto di trascinamento è la quantità di oscillazioni causate dalla rotazione della Terra che provoca la torsione dello spazio.

Nell'articolo si conferma come tutti i valori trovati collimino con le previsioni teoriche ed entro tolleranze infinitesime.

Seppure piccolissimo quello trovato è un vero e proprio vortice spazio-temporale che circonda la Terra dovuto ai suoi vari movimenti.

Ora si conoscono le modalità qualitative e quantitative di questo fenomeno, informazioni che potranno essere estese a vortici spazio-temporali ben più consistenti presenti attorno ad altri corpi celesti più massicci come stelle giganti e buchi neri.

Precessione di Mercurio

Una volta resa nota la teoria della gravitazione universale di Newton e le sue equazioni, gli astronomi del XVII e XVIII secolo furono in grado di calcolare le orbite dei pianeti e quindi prevederne le future posizioni.

Erano così in grado di prevedere con notevole precisione gli eclissi di Luna ed Sole così come i passaggi dei satelliti di Giove e di Saturno, le esatte traiettorie dia Marte e di Venere.

Tutto sembrava in perfetto accordo con le teorie di Newton fino a che non si imbatterono con lo strano comportamento del pianeta Mercurio.

Questo pianeta, ad ogni sua rivoluzione intorno al Sole sposta il suo perielio, cioè il punto più vicino al Sole, di circa un grado e 54 primi ogni 100 anni, valore molto piccolo, ma chiaramente misurato dagli astronomi di due secoli fa'.

Quel comportamento sembrò molto strano e non si capiva come quella fosse l'unica eccezione nel sistema Solare: d'altra parte le equazioni del moto dei pianeti avevano largamente dimostrato la loro esattezza.

Si arrivò a supporre che esistesse un pianeta nascosto che provocasse quella variazione, ma non fu mai trovato.

Fu proprio la teoria generale della relatività che fu in grado di spiegare il fenomeno, sia qualitativamente e sia quantitativamente.

Einstein infatti calcolò con la sua teoria che, a causa della gravità del Sole, quel pianeta vicino fosse influenzato in modo tale da rendere quella variazione dell'orbita misurabile da Terra.

Il Sole infatti, così come piega la luce che passa vicino al suo bordo, distorce lo spazio tempo ed in questa distorsione Mercurio naviga spostando il suo perielio.

Questa fu una delle prime prove della correttezza della teoria generale della relatività ed accompagnò l'altra grande prova di Eddington sulla curvatura della luce durante l'eclisse solare, che vedremo nel prossimo capitolo.

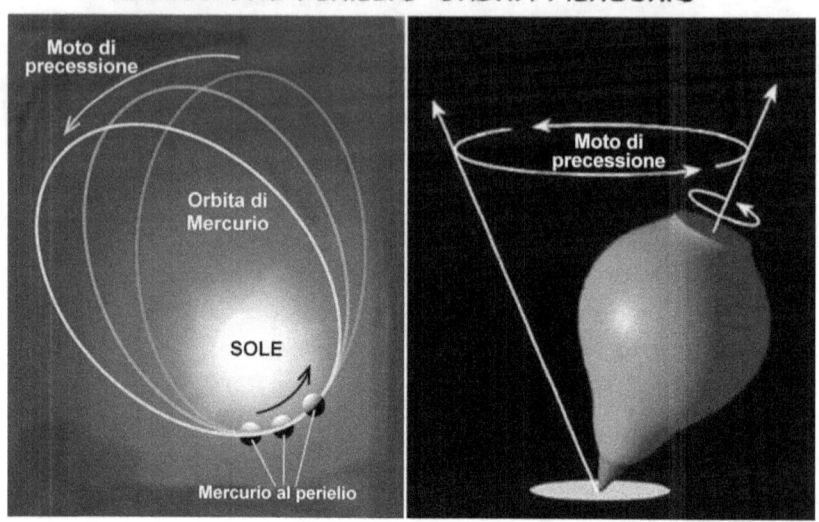

L'effetto trottola di Mercurio con il suo perielio che si sposta

Anche gli altri pianeti presentano una precessione del loro perielio, ma data la distanza dal Sole questo scostamento rimase sconosciuto agli astronomi fino all'inizio del secolo scorso.

Oggi, grazie ai moderni mezzi di misurazione, sappiamo che Venere presenta uno scostamento di 9 secondi al secolo, la Terra di di 4 secondi e Marte di un secondo, anche questi valori calcolabili con le equazioni di Einstein.

Curvatura della luce

Lo scienziato e premio Nobel Arthur Eddington riuscì a dimostrare il 29 maggio 1919, durante un eclisse totale di Sole, che un corpo massiccio come il Sole esercita la sua attrazione gravitazionale anche sulla radiazione elettromagnetica quale la luce è, pur non essendo un corpo materiale.

Questa fu la prova che è passata alla storia per aver fornito una validità sperimentale della teoria della relatività generale di Einstein e che lo rese celebre.

In realtà, come ormai sappiamo, quel raggio di luce percorre una geodetica di uno spazio-tempo deformato dalla massa solare.

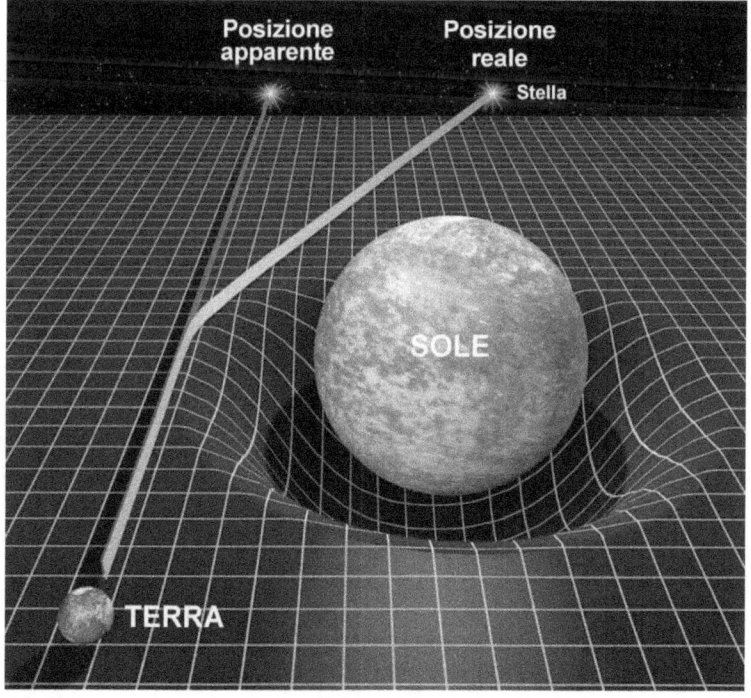

Deviazione del raggio luce provocato dalla massa del Sole

Questo esperimento riuscì anche per una fortunata combinazione di eventi, infatti affinché l'effetto fosse misurabile era necessario che le stelle stessero molto vicine al bordo del Sole e, proprio in quell'anno e per quell'eclisse, il Sole si trovava nel bel mezzo di un ammasso globulare di stelle brillanti, le Iadi, situazione che si ripete molto raramente.

Per verificare la deviazione Eddington sovrappose le foto prese prima e durante l'eclissi, riuscendo così a misurare con una buona precisione lo spostamento che risultò di 1,98 primi di grado, in perfetto accordo con la teoria di Einstein.

Per un osservatore terrestre che attraverso un telescopio osservasse una stella vicino al bordo del Sole in realtà starebbe osservando quella stella mentre è nascosta dietro il disco del Sole.

Quindi quella che vedrebbe sarebbe la posizione "apparente" della stella mentre quella reale si troverebbe spostata di 1,98 primi di grado.

Raggio di Schwarzschild

Il raggio di Schwarzschild definisce un parametro per la materia, parametro che discende direttamente dalle equazioni della teoria generale della relatività.

Questo raggio fornisce la misura del raggio di una sfera entro la quale si deve comprimere qualsiasi massa per dar luogo al così detto "orizzonte degli eventi", cioè quella superficie da cui nemmeno la luce può sfuggire.

Non si riferisce quindi ad una massa limite, ma alla densità di una qualsiasi massa che provocherebbe la curvatura della luce, come accade in un buco nero; per questa massa Scwarzschild ha calcolato il raggio affinché la gravità raggiunga quel risultato.

Schwarzschild è giunto alle sue conclusioni subito dopo l'enunciazione della teoria generale della relatività, intorno al 1916, e non ha preso in considerazione la struttura della materia con i suoi atomi e tutto quello che si è scoperto poi con la meccanica quantistica. Il suo è stato il risultato di un mero calcolo matematico scaturito semplicemente dall'equazione in copertina di questo libro e non ha nulla a che fare con i buchi neri, anche se questi rientreranno nei suoi calcoli cinquanta anni dopo.

Per la massa della Terra, ad esempio, i calcoli di Schwarzschild portano ad un valore del suo raggio ad appena 9 metri. Cioè se riuscissimo a concentrare tutta la massa della Terra in una sfera di 9 metri allora la sua gravità sarebbe tale che nemmeno la luce sfuggirebbe più … solo che per schiacciarla così tanto ci vorrebbe un irrealistico schiaccianoci e quindi la Terra nella realtà non potrà mai essere compressa così tanto.

Una stella con massa 4 volte a quella del Sole invece potrebbe auto-comprimersi, grazie alla sua gravità, esplodendo in una sfera con raggio inferiore al raggio di Schwarzschild e diventando così un bel buco nero come altri scienziati dimostreranno negli anni cinquanta del secolo scorso.

RAGGIO DI SCHWARZSCHILD

Nell'universo solo stelle molto massicce hanno una massa tale da comprimere tutta la loro materia al di sotto del raggio di Schwarzschild, ma teoricamente potremmo riuscirci anche noi sulla Terra se avessimo la tecnologia per comprimere la materia così tanto; potremmo cioè produrre piccoli buchi neri in base alla formula di Schwarzschild ... ma ci vorrà ancora molto tempo per riuscirci.

Possiamo dire che Schwarzschild, precorrendo i tempi, ha scoperto una conseguenza matematica per effetto della teoria generale della relatività e cioè che esiste un valore della gravità ottenuto comprimendo la materia al di là del quale finisce tempo e spazio e questo è proprio quanto gli astronomi hanno scoperto cinquanta anni dopo con i buchi neri.

Buchi Neri

La fantascienza se ne è appropriata arrivando ad ipotizzare passaggi verso altri universi, esistenza eterna, tunnel spazio-temporali, Stargate, ecc. ed altre bizzarre storie di astronavi che si perdono oltre l'orizzonte degli eventi di buchi neri.

Col calcolo si è previsto che una stella molto più massiccia di quelle che si trasformano in nane bianche, almeno quattro volte più massicce del Sole avrebbe la possibilità di collassare schiacciando tutte le sue particelle, compresi protoni e neutroni, e precipitare in quello che **John Wheeler** nel 1969 ha chiamato "Buco. Nero".

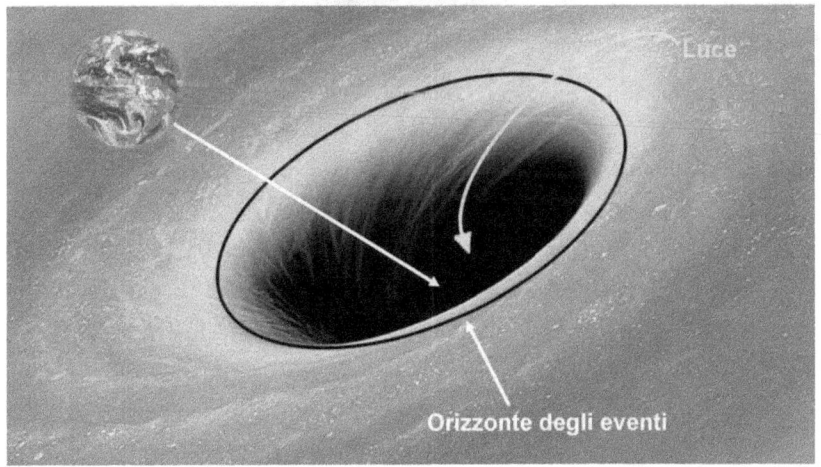

Immagine artistica di un buco nero che inghiotte luce e Terra

Quando la materia non regge più per la grande forza di gravità e si concentra in uno spazio picolissimo a tal punto che nemmeno la luce può più sfuggirle si ha un buco nero o, come dicono i teorici "si forma una singolarità" dove le leggi fisiche che conosciamo cessano di esistere.

Al suo interno i calcoli dicono che il tempo si ferma e la densità tende all'infinito. In realtà non sappiamo nulla del suo interno, facciamo solo congetture.

Certamente l'enorme gravità del buco nero amplificherebbe quasi all'infinito gli effetti che la teoria generale della relatività prevede sul tempo portandolo appunto a fermarsi.

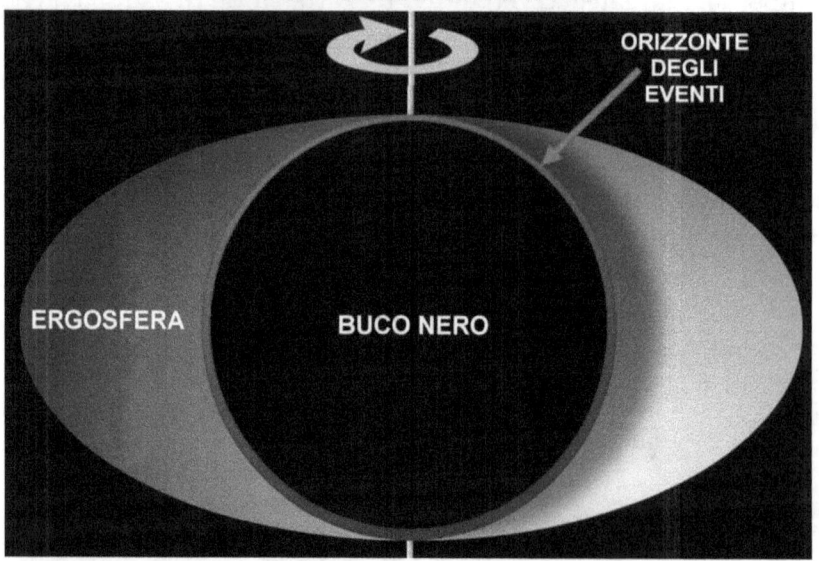

La **superficie sferica di un buco nero, che gli scienziati chiamano "orizzonte degli eventi"**, separa due zone, quella esterna dove il tempo scorre e quella interna dove il tempo si ferma.

Misurazioni recenti confermano che anche al centro della nostra galassia, cioè nella Via Lattea, esiste un enorme buco nero con una massa pari a milioni di volte la massa del nostro Sole e che ogni giorno inghiotte varie stelle grandi come il nostro Sole, stelle che hanno l'ardire di avvicinarsi a quel buco nero.

Corpi massicci e collassati esistono, ve ne sono di una grande varietà di massa ed i loro effetti gravitazionali sono ben visibili tanto che abbiamo persino sentito recentemente il loro cinguettio attraverso le onde gravitazionali giunte a noi e tutto prova che Einstein aveva ragione.

Onde gravitazionali

Previste dalla teoria generale della relatività, si sono evidenziate per la prima volta nel 2014 quando due buchi neri distanti oltre un miliardo di anni luce da noi, scontrandosi, hanno emesso un'enorme massa energetica sotto forma di onde gravitazionali che si sono da allora diffuse in tutto l'Universo: un loro flebile segnale è giunto fino a noi e, per la prima volta, strumenti terrestri le hanno registrate.

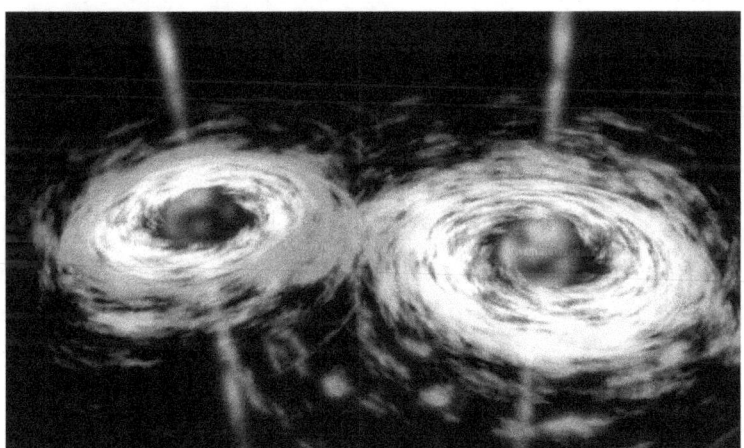

Raffigurazione artistica dello scontro di due buchi neri

La teoria della relatività generale predice che la forza di gravità agisce in un suo campo in cui onde gravitazionali, come le ode elettromagnetiche, si propagano ed in cui particelle, dette gravitoni, similmente ai fotoni, dovrebbero trasmetterla ma ancora non trovati.

Per avere un'idea delle sensibilità necessarie per rilevare le onde gravitazionali occorre sapere che l'esperimento che ha permesso di osservarle è stato generato da un evento catastrofico, che ha visto scontrarsi due giganteschi buchi neri di 36 e 29 masse solari rispettivamente e che in pochi istanti ha trasformato in energia gravitazionale la massa equivalente di 3 masse Solari, immane energia emessa sotto forma di onde gravitazionali.

Questa enorme energia viene calcolata essere equivalente a 50 volte quella emessa nello stesso tempo da tutto l'Universo e nonostante questa intensità, l'increspatura dello spazio-tempo giunta a noi e rilevata dai nostri strumenti è risultata avere una dimensione pari ad una frazione piccolissima di un protone.

In grande sintesi, le onde gravitazionali perturbano il campo gravitazionale, che non è altro che tutto lo spazio-tempo e quando passano modificano questo spazio-tempo che oscilla accorciandosi ed allungandosi ed accorciando ed allungando la materia che in quel momento si trova dove l'onda passa.

Si può paragonare il passaggio delle onde gravitazionali all'onda nell'acqua quando passa tra due tappi che galleggiano vicini e li fa oscillare avvicinandoli ed allontanandoli fra di loro.

La teoria dei campi, una parte della matematica avanzata che li studia, fornisce infatti alla fisica moderna gli strumenti teorici per lo studio dei campi reali.

La teoria generale della relatività, estendendo alla gravità il concetto di campo, giunge a descrivere le perturbazione dello spazio-tempo prevedendo appunto le onde gravitazionali e calcolandone anche la loro dimensione.

Sempre la teoria generale della relatività prevede che queste onde debbano propagarsi alla velocità della luce, quindi l'osservazione visiva di un fenomeno esplosivo distante dalla Terra anche molti milioni di anni luce dovrebbe presentarsi a noi contemporaneamente con una perturbazione dello spazio-tempo, cioè con le onde gravitazionali ed una perturbazione del campo elettromagnetico, cioè luce, raggi X e raggi gamma.

L'onda gravitazionale, passando alternativamente allarga e restringere lo spazio-tempo di una misura infinitesima tra due bracci dello strumento rivelatore e tre strumenti ultrasensibili, di cui uno italiano, hanno registrato contemporaneamente quest'onda che ha viaggiato per un miliardo e trecento milioni di anni.

Uno degli strumenti che ha rilevato queste onde è il LIGO (**Laser Interferometer Gravitational-Observatory**) che si trova negli Stati Uniti a Livingston, nella Luisiana, realizzato dalla collaborazione tra il Caltech ed il MIT e costato 360 milioni di dollari.

Anche in Italia l'interferometro **VIRGO**, presso Pisa, che fa parte del progetto europeo **EGO (European Gravitational Observatory)**, ha registrato contemporaneamente il passaggio di queste onde gravitazionali.

L'interferometro LIGO ripreso dall'alto appare con due bracci perpendicolari lunghi 4 km ed in grado di rilevare modifiche di lunghezze dell'ordine di 10^{-18} metri, cioè meno di un milionesimo del diametro di un atomo.

LIGO ha rilevato per la prima volta onde gravitazionali

Le misurazioni effettuate hanno confermato anche la correttezza quantitativa delle previsioni teoriche in base alla teoria. Il principio dell'interferometro si basa sull'utilizzo di raggi laser.

Se le distanze percorse dai due raggi sono esattamente identiche, i due raggi giungono allo schermo perfettamente in fase e le due onde luminose si sovrappongono con grande precisione ed il sensore è in grado di verificare dall'allineamento che nessun'onda gravitazionale sta passando.

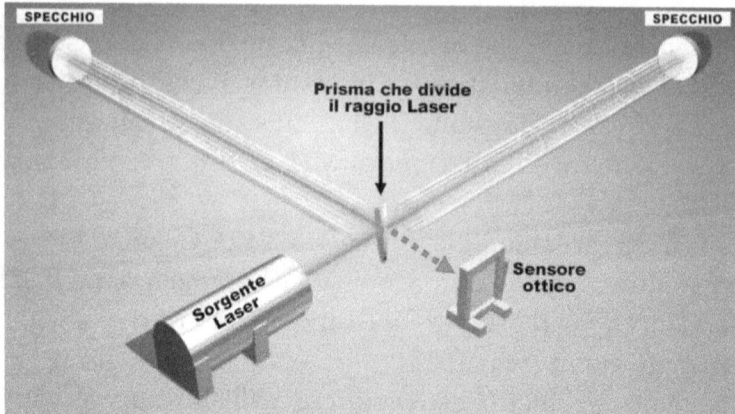

Schema funzionale dell'interferometro LIGO.

Se invece interviene anche un piccolo allungamento o restringimento su uno dei due bracci rispetto l'altro, sullo schermo appare una linea frastagliata, anziché una linea perfetta, ed i tecnici, se riescono ad escludere ogni interferenza terrestre, concludono che si tratta del passaggio di un'onda gravitazionale.

La figura che segue spiega questa operazione.

Effetto del passaggio di onda gravitazionale su un interferometro Laser.

Per evitare errori si sono sovrapposti i segnali provenienti da interferometri collocati in più punti della Terra e se ne è verificata la contemporaneità con orologi atomici.

Lente gravitazionale

Un fenomeno imprevisto dovuto alla gravitazione e solo di recente utilizzata dagli astronomi è la lente gravitazionale.

Una lente naturale che permette loro di vedere galassie che si trovano ad oltre dieci miliardi di anni luce con una lente posta a cinque miliardi di anno luce.

Se, ad esempio, si trova a metà strada allineata tra noi ed una lontanissima galassia una grande massa gravitazionale che incurva i raggi di luce provenienti dalla galassia lontana, per noi è come se in mezzo ci fosse una lente di ingrandimento attraverso la quale osservare il cosmo.

Questo è il fenomeno in base al quale oggi gli astronomi possono raggiungere con i loro telescopi i limiti estremi dell'universo che si trova ad oltre 13 miliardi di anni luce.

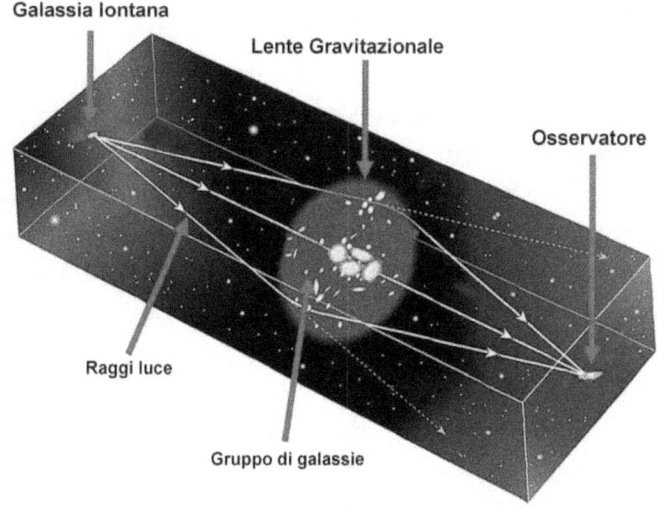

Effetto ingrandimento di lente gravitazionale

Un simpatico effetto della lente gravitazionale è la foto scattata recentemente dal telescopio spaziale Hubble e denominata "galassia sorriso" per la sua somiglianza ad un sorriso di persona.

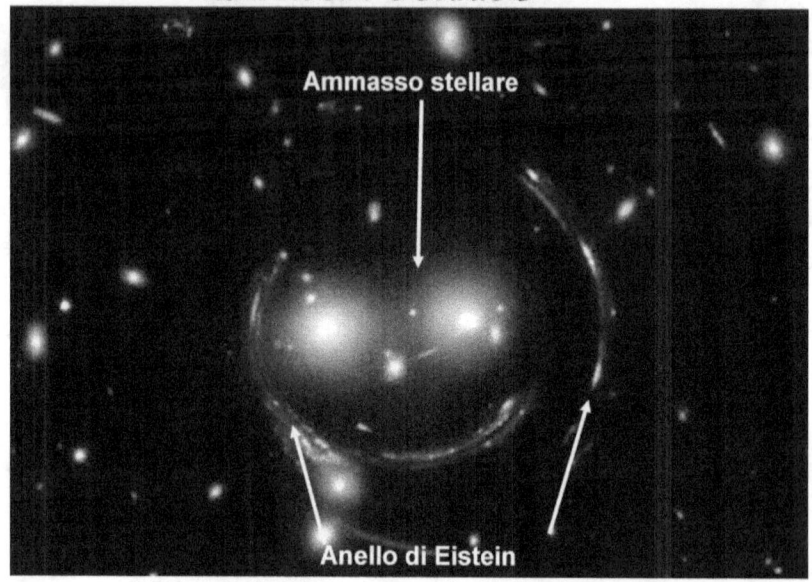

Un cluster di galassie provoca la lente gravitazionale

Si tratta di un fenomeno di lente gravitazionale provocato da un cluster di galassie che mette insieme due occhi, che sono in realtà due galassie particolarmente brillanti, mentre l'apparente sorriso nasce dalla distorsione della luce provocato dall'enorme attrazione gravitazionale del cluster di galassie sullo sfondo.

La forza gravitazionale prodotta da questi ammassi di stelle piega lo spazio-tempo formando una lente che può ingrandisce la luce.

La posizione dei tre elementi, la sorgente della luce, l'effetto lente gravitazionale ed il punto di osservazione, provoca l'effetto ottico noto come "anello di Einstein", che deforma la luce dandole una forma circolare, in questo caso simile ad un sorriso.

Dilatazione temporale

Sono due le cause della dilatazione del tempo: la prima dovuta alla velocità, come spiega la teoria speciale della relatività e la seconda dovuta alla gravità, come spiegato dalla teoria della relatività generale.

Se riprendiamo il nostro disco rotante ricorderete come la sua rotazione crei una forza verso l'esterno che, per il principio di equivalenza, è assimilabile alla gravità.

Precisamente, spostandoci dal centro verso l'esterno aumenta la gravità ed aumenta anche la velocità di rotazione dell'osservatore sul bordo.

L'effetto della velocità è minimo se siamo molto lontani dalla velocità della luce, mentre la gravità predomina raggiungendo anche valori elevati con periferia rotante a velocità lontane da quella della luce. Possiamo quindi affermare che per l'osservatore più esterno nel disco che ruota il tempo scorre più lentamente.

Nel disco che ruota il tempo in periferia scorre più lentamente

T1 scorre più lentamente di T0

Einstein: Relatività Generale

Nella seconda metà del secolo scorso si sono realizzate due verifiche sperimentali di quanto previsto dalle teorie della relatività utilizzando orologi atomici

Il primo esperimento fu realizzato caricando orologi atomici su due aerei che volavano in direzioni opposte lungo un parallelo della Terra.

Un aereo volava quindi nella stessa direzione della rotazione della Terra mentre l'altro, volando in senso opposto, aveva una velocità che si sottraeva a quello della rotazione della Terra.

Un secondo esperimento consisteva nel far circolare due raggi laser su un disco rotante, uno nel senso di rotazione del disco e l'altro in senso opposto per misurarne, sempre con orologi atomici, la differenza nei tempi per raggiungere uno schermo.

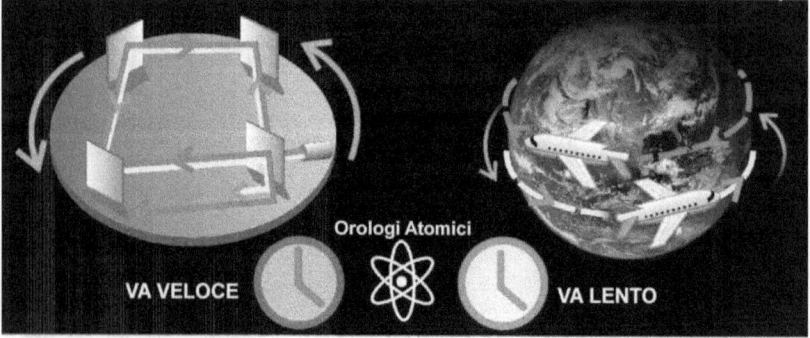

In ambedue gli esperimenti gli orologi atomici hanno rilevato una differenza, seppure infinitesima, tra le due situazioni e quella differenza era in perfetto accordo con le teorie della relatività di Einstein.

Contrazioni lunghezze

Sempre sfruttando l'esemplificazione mentale del disco rotante utilizzato da Einstein nei suoi ragionamenti, abbiamo già dimostrato come l'osservatore al centro e sul bordo vedano in modo diverso il comportamento dello spazio-tempo intorno a loro.

Per il principio di equivalenza sappiamo che l'osservatore periferico vede il suo tempo scorrere più lentamente per effetto della gravità, ma anche le lunghezze subiscono un effetto, precisamente se teniamo in mano un righello lungo un metro e ci spostiamo dal centro verso la periferia in moto rotante quel righello si restringe.

In pratica se lo usiamo per misurare la circonferenza l'osservatore al centro che vede il diametro di lunghezza costante trarrà la conseguenza che la circonferenza del disco è un po' più corta e quindi che il rapporto tra circonferenza e diametro non è più pi-greco, ma qualcosa di meno: questa è la contrazione delle lunghezze che l'equazione nella copertina di questo libro definisce in maniera precisa.

Nel disco che ruota il perimetro si contrae

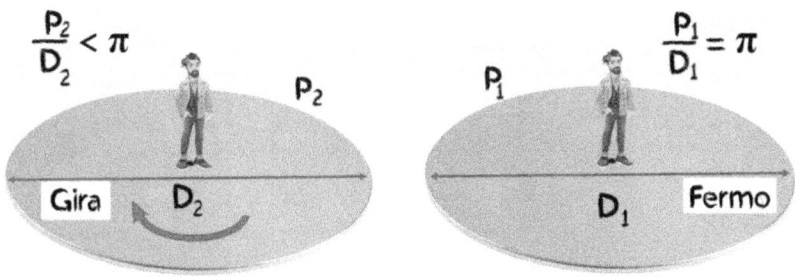

La gravità indotta dalla rotazione accorcia la circonferenza

La gravità al suo aumentare induce una crescente contrazione delle lunghezze e, come abbiamo visto, lo scienziato Schwarzschild ne ha generalizzato gli effetti per la materia in generale trovando quel raggio che determina per la massa una gravità così forte da non lasciarle sfuggire nulla, compresa la luce.

Il collasso gravitazionale è l'estrema conseguenza della contrazione delle lunghezze, conseguenza che si studia nell'astrofisica dove si impara come le stelle di una certa massa alla fine del loro ciclo vitale e quando la temperatura e la pressione interna non riescono più a contrastare la contrazione gravitazionale, la stelle collassao o in una stella di neutroni o in un buco nero.

Paradosso gemelli

In questa parte del libro non può mancare la più popolare esemplificazione usata per spiegare al pubblico le conseguenze delle due relatività di Einstein: il paradosso dei due gemelli.

Teoria speciale: il gemello che torna è più giovane

Con la teoria della relatività speciale Einstein ha dimostrato che il passeggero di un astronave che viaggiasse a velocità dell'ordine di grandezza della velocità della luce, diciamo a metà della velocità della luce, questo passeggero potrebbe tornare sulla Terra di 30 anni più giovane del fratello gemello rimasto a terra.

Questa stranezza da fantascienza è dimostrata da molte prove sperimentali: dagli orologi atomici che girano intorno alla Terra sui satelliti del sistema GPS, alle misurazioni compiute al CERN di Ginevra sul decadimento di particelle subatomiche che, accelerate a velocità prossime a quelle della luce, decadono in tempi largamente più lunghi dei tempi di decadimento a riposo.

Lo stesso effetto di dilatazione del tempo si genera anche per un altro motivo spiegato dalla teoria generale della relatività e che viene esemplificato sempre con due gemelli, uno sulla vetta di una montagna ed un altro ai piedi della montagna.

Teoria generale: il gemello in basso rimane più giovane

Come abbiamo più volte citato, chi si trova immerso in una gravità più forte vede il suo tempo dilatarsi rispetto a chi si trova immerso in una gravità più debole.

Il gemello che si trova sulla vetta della montagna e più lontano dal centro della Terra rispetto al suo gemello a Terra e quindi vede il suo orologio andare più piano di quello sincronizzato del gemello.

Naturalmente la differenza degli orologi in questo caso sarebbe così piccola da risultare totalmente invisibile ai due gemelli.

Abbiamo però visto con l'esperimento di Pound-Rebka che anche per altezze inferiori a quella della montagna oggi queste differenze sono misurabili.

Global Positioning System

Il GPS è un complesso di apparecchiature costituite da un ricevitore, quello che teniamo nell'auto, ed una serie di satelliti artificiali che girano intorno alla Terra. Vediamo come questo sistema funziona e cosa centri Einstein.

Mettiamo in orbita intorno alla Terra una serie di satelliti, diciamo 24, con a bordo ciascuno un orologio atomico perfettamente sincronizzato con tutti gli altri.

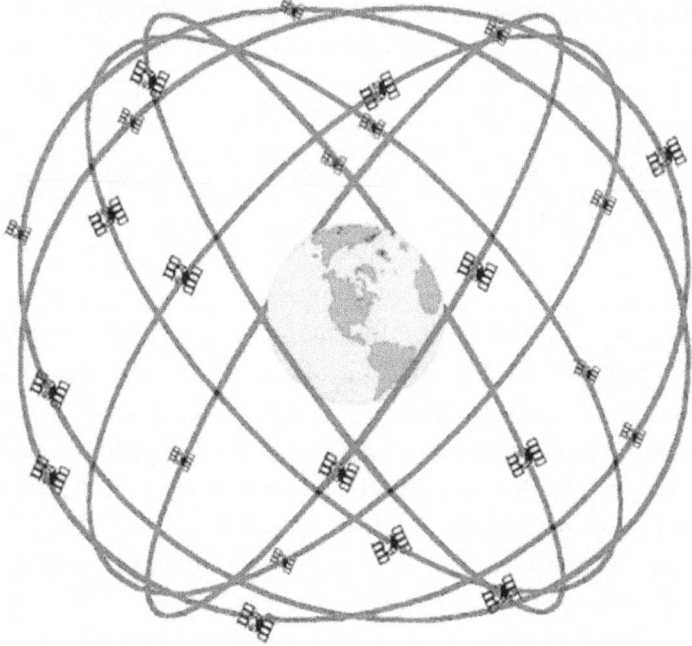

Posizioniamo ciascun satellite in modo tale che, a turno, almeno quattro satelliti dei 24 messi in orbita, girando intorno alla Terra,

vedano in ogni momento un apparecchio GPS collocato ovunque sulla superficie terrestre.

Eseguito questo posizionamento, vediamo come cosa fa il nostro apparecchio GPS.

I quattro segnali trasmessi dai quattro satelliti non sono altro che l'ora esatta dell'orologio atomico sopra ogni satellite e la posizione del satellite stesso nello spazio.

Tutti i quattro segnali partono allo stesso istante in quanto tutti i satelliti sono sincronizzati esattamente alla stessa ora.

I quattro segnali impiegano tempi diversi per giungere al nostro apparecchio GPS e quindi indicano orari diversi dei rispettivi satelliti.

L'apparecchio ricevente elabora istantaneamente questi segnali ed in un attimo li confronta col suo orologio interno e ne ottiene quella che si chiama "triangolazione spaziale".

Utilizzando la carta geografica interna l'apparecchio ci fornisce la nostra esatta posizione.

Tutto questo è possibile grazie alle altissime precisioni degli orologi atomici, ma proprio per questo intervengono le due teorie di Einstein i cui effetti conosciamo bene: dobbiamo correggere gli orologi per tener conto che muovendosi velocemente ed inoltre essendo ad una gravità inferiore degli orologi a terra, la loro sincronizzazione non si manterrebbe a lungo.

Senza la correzione relativistica per compensare quei due effetti ben presto il nostro apparecchio in macchina sbaglierebbe anche di chilometri.

Se fosse stato necessario questa è un'altra prova di quanto Einstein ci avesse visto giusto.

GRANDI SCIENZIATI

Nelle pagine che seguono sono riportate brevi biografie di 19 scienziati che, con i loro lavori, hanno contribuito alla realizzazione della teoria della relatività.

Sono fisici teorici, fisici sperimentali e matematici, a loro dobbiamo molto.

Sono elencati in ordine di nascita partendo dalla più recente.

Congresso Solvay del 1927

I congressi Solvay fondati dall'industriale belga Ernest Solvay, sono una serie di conferenze scientifiche dedicate ad importanti problemi riguardanti fisica e chimica, che si tengono ogni tre anni a partire dal 1911.

Scopo di questo congressi è il riunire le più grandi menti scientifiche per discutere i problemi scientifici più attuali.

Viene spesso ricordato il congresso del 1927 a cui parteciparono molti premi Nobel, tra cui lo stesso Einstein.

Bruxell, Congresso Solvay 1927

In piedi, in terza fila: A. Piccard, E. Henriot, P. Ehrenfest, E. Herzen, Th. de Donder, E. Schrödinger, J.E. Verschaffelt, W. Pauli, W. Heisenberg, R. Fowler, L. Brillouin.

Nella fila centrale: P. Debye, M. Knudsen, W.L. Bragg, H.A. Kramers, P.A.M. Dirac, A.H. Compton, L. de Broglie, M. Born, N. Bohr.

Seduti davanti: I. Langmuir, M. Planck, M. Skłodowska-Curie, H.A. Lorentz, A. Einstein, P. Langevin, Ch-E. Guye, C.T.R. Wilson, O.W. Richardson.

Stephen Hawking (1942 – 2018)

Nato ad Oxford l'8 gennaio 1942, Stephen è uno dei più importanti astrofisici del nostro tempo.

Studente geniale, non per i modesti voti che prendeva a scuola, ma per il suo interesse nello smontare ogni apparecchiatura che gli capitava tra le mani per capirne il funzionamento.

Si è laureato a pieni voti in fisica all'università di Oxford da dove poi è passato al Trinity Collage di Cambridge per approfondire i suoi studi in matematica ed in fisica.

A 20 anni lo colpì la sclerosi laterale amiotrofica che lo costrinse a vivere su una sedia a rotelle, ma che non ha impedito di continuare i suoi studi e le sue ricerche.

Con l'utilizzo di un sintetizzatore vocale per comunicare, Hawking ha sviluppato nuove teorie cosmologiche ed occupa oggi nel mondo un posto paragonabile a quello di Einstein.

La sua notorietà scientifica si deve alle sue pubblicazioni sulla formazione ed evoluzione galattica, sulla termodinamica dei buchi neri, sull'inflazione cosmica e sui modelli cosmici.

Ha pubblicato molti testi divulgativi ed anche di libri per bambini per spiegare, con parole semplici concetti difficili come i buchi neri e l'origine dell'Universo.

Ha teorizzato l'esistenza della vita in altri mondi ed il pericolo per noi se esseri intelligenti giungessero sulla Terra da altri lontani pianeti: afferma che faremmo la fine dei nativi americani, dopo l'arrivo dalle loro parti di Cristoforo Colombo nel 1942.

Numerosissimi i riconoscimenti accademici e le onorificenze che ha ottenuto durante il suo percorso scientifico, non ultima la Liberty Medal offertagli da Obama. Manca solo il premio Nobel.

Dopo aver ricoperto importanti cattedre universitarie, oggi a 74 anni è direttore del dipartimento di matematica e fisica teorica al Trinity Collage di Cambridge, sino alla sua morte.

Edwin Powell Hubble (1889 – 1953)

Nasce a Marshfield, Missouri, il 20 novembre del 1889, ottimo atleta in diverse specialità, tra cui il baseball ed il basket.

Nel 1910 consegue il baccellierato in scienze all'Università di Chicago, e passa poi tre anni ad Oxford, UK.

Si dedicò all'astronomia, sua grande passione, e per questo motivo verso i 25 anni, prima di dedicarsi all'astronomia professionale, completa gli studi in matematica e fisica.

Consegue un PhD in Astronomia, studiando allo Yankee Observatory presso l'Università di Chicago, presentando una dissertazione sulla fotografie di nebulose deboli.

Nel 1919 inizia a lavorare presso l'osservatorio del monte Wilson a Pasadena in California assieme a George Hale, fondatore e direttore di quell'osservatorio, allora il più grande del mondo. Al monte Wilson Observatory lavorerà fino alla sua morte nel 1953. Ebbe comunque il tempo di collaudare il grande telescopio con specchio da 5 metri di Monte Palomar.

Usando il telescopio del monte Wilson riuscì a dimostrare non solo che l'Universo è molto più grande di quanto si credesse, ma che le galassie lontane si allontanano tutte dalla Terra dando origine all'espansione dell'Universo.

La legge che nel 1929 Hubble ha formulato e che ha preso il suo nome, è alla base di tutta la cosmologia moderna fornendo anche quantitativamente il valore dell'espansione in base al red-shift delle galassie, cioè lo spostamento verso il rosso del loro spettro ottico.

Questa scoperta è all'origine della formulazione del Big Bang che spiega come questo allontanamento sia dovuto ad un'iniziale esplosione dell'Universo ed alla sua conseguente espansione.

Arthur Eddington (1882 - 1944)

Nato A Kendal in Inghilterra Eddington, fisico ed astronomo, è considerato uno tra i più importanti astrofisici del XX secolo.

Nel 1912 divenne titolare della cattedra di astronomia a Cambridge e poi direttore dell'osservatorio Reale di Greenwich.

Ha contribuito in maniera sostanziale alla teoria della relatività di Einstein con sue pubblicazioni, ancora considerate pilastri per comprendere quelle difficili teorie.

Il 29 maggio 1919 con una spedizione astronomica a Principe (São Tomé) riuscì a fotografare la curvatura dei raggi provenienti da stelle lontane durante un eclisse totale di Sole, confermando anche quantitativamente la teoria generale della relatività di Einstein.

Eddington rese popolari le scienze, scrivendo numerosi libri divulgativi, scoprì il **"limite di Eddington"** che predice il limite della luminosità di una stella per una data massa e per primo indicò nella fusione nucleare il processo che alimenta le stelle.

Negli anni trenta e quaranta si dedicò fortemente per dimostrare la sua "teoria fondamentale", con la quale cercava l'unificazione della teoria quantistica con quella della teoria della relatività e delle leggi della gravitazione, senza peraltro giungere alla conclusione cercata.

Fu acerrimo avversario del fisico indiano Subrahmanyan Chandrasekhar sulla questione del limite della massa di una stella nana per diventare stella di neutroni.

Si scoprirà poi che lo scienziato indiano aveva ragione ed i dettagli della teoria di Chandra si trovano nel mio primo libro di questa serie: Astrofisica 1, dal Big Bang ai Buchi Neri: http://amzn.to/2plDvbA

Karl Schwarzschild (1873 – 1916)

Nato a Francoforte in Germania, pubblicò i primi lavori di astronomia tra i 16 ed i 18 anni e dal 1897, una volta laureatosi in astronomia, divenne assistente nell'Osservatorio di Vienna dove completò i suoi studi e pubblicò numerosi articoli.

E' considerato un padre fondatore dell'astrofisica con particolare riguardo alla spettrografia ed alla fotografia astronomica per la quale fu anche un geniale innovatore.

Nel 1908 scoprì l'effetto che da lui prese il nome, metodo fotometrico per classificare le stelle.

Divenne poi, e fino alla sua morte nel 1916, responsabile dell'importante Osservatorio Astronomico vicino a Berlino.

Con riferimento alle teorie di Einstein, Schwarzschild fu tra i primi scienziati a comprenderne le profonde implicazioni e si dedicò alla risoluzione delle equazioni relativistiche di Einstein, arrivando a conclusioni impensabili per l'epoca.

Scoprì che nella materia compressa entro un raggio sferico caratteristico per ogni massa si rompono tutti i legami atomici fino a creare quello che oggi definiamo Buco Nero.

Ne descrisse la formula che ne definisce le proprietà, cioè la forza di gravità infinita, ed il fatto che qualsiasi radiazione non può sfuggire da quell'entità.

Si scoprirà molti anni dopo quanto questo scienziato avesse ragione. I dettagli di questa teoria si trovano nel mio primo libro di questa serie:

Astrofisica 1, dal Big Bang ai Buchi Neri: http://amzn.to/2plDvbA

Schwarzschild morì prematuramente nel 1916 sul fronte russo durante la prima guerra mondiale.

Tulio Levi Civita (1873 – 1941)

Nasce a Padova nel 1873 dove si laureò, presso l'Università degli studi di quella città. Suo maestro fu Gregorio Ricci-Curbastro, il grande matematico matematico e fisico col quale collaborò nella realizzazione del calcolo tensoriale alla base della teoria della relatività generale di Einstein.

A ventiquattro anni, divenne titolare della cattedra di meccanica razionale di cui scrisse, in collaborazione con Ugo Amaldi, un grande trattato.

Divenne nel 1918 ordinario di analisi superiore e di meccanica presso La Sapienza a Roma.

Il calcolo differenziale assoluto con l'introduzione della derivazione covariante elaborato con il suo professore Ricci-Curbastro, è stato un caposaldo teorico per la realizzazione del castello matematico di Einstein per la sua generalizzazione della teoria della relatività.

Quale grande studioso della matematica pura, risolse un gran numero di problemi di matematica applicata.

Le sue ricerche spaziavano dalla matematica, ai problemi scientifici del suo tempo, trovandovi brillanti soluzioni.

Fu anche membro emerito della prestigiosa Pontificia Accademia delle scienze.

Albert Einstein (1872 - 1955)

Forse il più grande e più noto scienziato del secolo scorso, nasce il 14 marzo 1879 a Ulma in Germania. Dopo un passaggio in Italia col padre industriale nel mondo dei prodotti elettrici dell'epoca, si iscrive al Politecnico di Zurigo dove si laurea nel 1900 in fisica e matematica, materie per cui ha una grande passione. Una volta laureato inizia la sua attività come impiegato dell'ufficio brevetti, ove alterna lavoro e studio.

Nel 1905 pubblica negli Annalen der Physik, principale rivista scientifica tedesca, 3 articoli che lo renderanno famoso: il primo sull'effetto fotoelettrico, il secondo sul moto browniano ed il terzo sull'elettrodinamica dei corpi in movimento (oggi denominata teoria speciale della relatività).

Nel 1914 diventa direttore all'Istituto di Fisica di Berlino e nel 1915 pubblica la sua Teoria Generale della Relatività. Nel 1921 gli viene assegnato il premio Nobel per la Fisica per il suo lavoro sull'effetto fotoelettrico pubblicato nel 1905.

Nel 1933 in USA per una conferenza presso l'Università di Princeton, decide di non tornare in Germania per le leggi razziali approvate in quel Paese proprio in quel momento.

Profondo pacifista comunque, nel 1940 scrive una famosa lettera al presidente Roosvelt per convincerlo sulla necessità di costruire la bomba atomica prima della Germania, lettera di cui si pentirà.

I meriti, i riconoscimenti, le idee scientifiche e politiche di questo grandissimo scienziato riempiono intere biblioteche e le sue teorie resistono ad ogni prova pratica tanto che sono ancora oggi la base di tutte le teorie cosmologiche.

Einstein muore a Princeton il 18 maggio 1955 a 76 anni, ancora convinto, come disse con una sua famosa frase "che Dio non gioca a dadi", alludendo alla meccanica quantistica verso la quale nutriva profondi dubbi.

Ermann Minkowski (1864 – 1909)

Questo grande matematico ci interessa in modo particolare perché a Zurigo fu insegnante di Albert Einstein.

Laureatosi nel 1885 all'università di Konisberg si dimostrò un grande talento con i suoi lavori sulle forme quadratiche in spazi ad "n" dimensioni.

Divise le ricerche matematiche con David Hilbert all'università di Gottinga e si dimostrò molto prolifico nello sviluppo del calcolo tensoriale.

Dopo aver studiato e capito la teoria della relatività speciale del suo studente, la spiegò nell'ambito di uno spazio multidimensionale non euclideo, detto dal suo creatore "spazio Minkowski".

Il tempo e lo spazio sono interdipendenti in uno spazio-tempo quadridimensionale rappresentativo della geometria di Lorentz e della relatività speciale.

Si considera questo spazio di Minkowski un punto di partenza per Einstein nello sviluppare la sua teoria della relatività generale.

Minkowski espresse queste idee in una sintesi del 1908, in occasione di una importante conferenza per matematici tedeschi. La sua frase pubblica nei resoconti di quell'assemblea afferma testualmente: "**I concetti di spazio e di tempo che desidero esporvi traggono origine dal terreno della fisica sperimentale, e in ciò risiede la loro forza perché sono radicali. D'ora in avanti lo spazio singolarmente inteso, ed il tempo singolarmente inteso, sono destinati a svanire in nient'altro che ombre e solo una connessione dei due potrà preservare una realtà indipendente**".

Minkoski morì prematuramente nel 1909, a 44 anni.

David Hilbert (1862 – 1943)

Matematico tedesco ricordato come estensore della geometria euclidea con l'introduzione 20 assiomi, partendo dai quali costruì una geometria completamente nuova. Hilbert afferma testualmente che : "Se la geometria tratta di *cose*, gli assiomi non sono verità evidenti in sé, ma devono essere considerati arbitrari".

Hilbert enumera i concetti indefiniti che sono: punto, retta, piano, *giacere su* (una relazione fra punto e piano), *stare fra*, congruenza di coppie di punti, e congruenza di angoli. Così il sistema di assiomi riunisce in un solo insieme la geometria euclidea piana e solida.

Famosi sono i 23 problemi che Hilbert propose nel 1900 con l'intento di riorganizzare l'intera matematica. Questi problemi comunicati in modo organico alla comunità dei matematici erano da lui ritenuti i problemi più cruciali che dovevano essere risolti.

Il suo tentativo di assiomatizzazione completa della matematica non riuscì e solo Gödel nel 1931 con i suoi teoremi di incompletezza dimostrò come fosse impossibile.

Hilbert scoprì le equazioni di campo per la teoria della relatività generale di Albert Einstein, ma non ne rivendicò la scoperta. Un articolo del 1997 su Science[1] mostra come Hilbert inviò il suo articolo il 20/11/1915, cinque giorni prima di quello di Einstein, con le equazioni corrette. Hilbert comunque scrisse: "Le equazioni differenziali della gravitazione ottenute mi sembrano in accordo con la magnifica teoria della relatività generale enunciata da Einstein nel suo ultimo articolo".

Tra gli studenti di Hilbert vi furono Hermann Weyl, Ernst Zermelo, John von Neumann, e Emmy Nöther.

Heinrich Hertz (1857 – 1894)

Naque ad Amburgo nel 1857 e poi passò buona parte della giovinezza a Berlino.

Mostrò subito una particolare attitudine per le scienze e le lingue. Studiò scienze ed ingegneria nelle città tedesche di Dresda, Monaco di Baviera e Berlino ed ebbe professori di fama quali Gustav Robert Kirchhoff ed Hermann von Helmholtz.

All'università di Berlino si laureò nel 1880 in ingegneria e presto divenne lettore di fisica teorica all'università diKiel.

Nel 1885 ricevette una cattedra all'Università di Karlsruhe e nello stesso anno scoprì le onde elettromagnetiche anche dette "onde hertziane" in suo onore.

In seguito ad un primo esperimento eseguito da Michelson nel 1881, riformulò le equazioni di Maxwell escludendo la presenza dell'etere, la cui realtà sarà poi confermata definitivamente nel 1887 con il famoso esperimento che verrà chiamato di Michelson-Morley.

Con un esperimento egli dimostrò che dei segnali elettrici potevano essere inviati attraverso l'aria, come già predetto da James Clerk Maxwell e Michael Faraday e pose le basi per l'invenzione della radio.

Scoprì l'effetto fotoelettrico dove oggetti elettricamente carichi perdevano la carica se esposti alla luce ultravioletta. Einstein spiegò poi teoricamente quel fenomeno.

Era parte di una famiglia scientificamente dotata: il nipote Gustav Ludwig Hertz vinse il Premio Nobel per la fisica nel 1925 ed il figlio di quest'ultimo, Carl Helmut Hertz, fu uno dei padri dell'ecografia medica. Morì all'età di trentasei anni a Bonn.

Jules Henri Poincaré (1854 – 1912)

Grande matematico, nasce a Nancy, Francia, e conseguì nel 1979 la laurea in ingegneria all'Ecole Polytechnique nel 1875.

Nei seguenti studi si dedicò alle equazioni differenziali per le quali inventò un nuovo modo per determinarne l'integrale e studiarne le proprietà geometriche.

Le due più prestigiose sue attività furono la presidenza nel 1906 dell'Accademia delle scienze francese e nel 1909 la partecipazione all'Académie Françcaise, come membro emerito.

Poincaré contribuì alla matematica pura e applicata tra cui meccanica celeste, meccanica dei fluidi, ottica, elettricità, telegrafia, elasticità, termodinamica, teoria del potenziale, e l'allora nascente teoria della relatività e cosmologia.

Significativi sono stati i suoi contributi alla teoria della relatività speciale e già nel 1904 trattò del "moto relativo" che introduceva per la prima volta il principio in base al quale nessun esperimento può discriminare tra uno stato di moto uniforme ed uno stato di quiete, anticipando così la teoria della relatività speciale di Einstein del 1905.

Studiò anche la relazione tra massa ed energia nel campo elettromagnetico ed in presenza dell'etere. Interessante il rapporto tra Einstein e Poincaré sulla relatività: Einstein citò Poincaré nel testo di una conferenza del 1921 intitolata a proposito di geometrie non euclidee, ma non in relazione alla relatività speciale. Solo nel 1950 Einstein ammise che Poincaré era stato uno dei pionieri della relatività ed aggiunse: "Lorentz aveva riconosciuto che la trasformazione che porta il suo nome è essenziale per l'analisi delle equazioni di Maxwell, ma che Poincaré aveva ulteriormente approfondito meritevolmente la questione".

Hendrik Antoon Lorentz (1853 – 1928)

Eminente fisico Olandese, pilastro dello sviluppo teorico dell'elettromagnetismo e dell'elettrodinamica.

Più volte citato in questo libro per le sue trasformate che Einstein utilizzò per la descrizione dello spazio-tempo nella sua relatività speciale.

Laureatosi nel 1875 con una tesi sulla diffrazione della luce con la quale perfezionò la teoria elettromagnetica di James Maxwell.

Giovanissimo divenne professore di fisica teorica presso l'università di Leida (Olanda). Si occupò , oltre che di fisica teorica, della relazione tra magnetismo ed elettricità, della luce e della relatività.

I suoi contributi sullo sviluppo della fisica sono stati fondamentali e nel 1902 gli fu assegnato il premio Nobel.

Einstein ha attinto a piene mani dalle sue ricerche e le sue trasformazioni rappresentano la base teorica della teoria della relatività speciale.

Famosi nel mondo della fisica ed ancora oggi attuali sono i seguenti contributi di questo fantastico fisico:

"**Tarsformazioni di Lorentz**", spesso citate in questo libro, sono delle trasformazioni di coordinate tra due sistemi di riferimento inerziali che descrivono come varia la misura del tempo e dello spazio quando l'oggetto della misura è in moto rettilineo uniforme rispetto all'osservatore.

"**Il fattore di Lorentz**" che appare nella relatività speciale come "gamma" e che misura in campo relativistico la contrazione delle lunghezze, la dilatazione del tempo e la formula per la massa.

"**La forza di Lorentz**", che rappresenta la forza che un campo elettromagnetico esercita su un oggetto elettricamente carico.

Grergorio Ricci Curbastro (1853 - 1925)

Insigne matematico italiano, nato a Bologna, ha studiato alla Scuola Superiore Normale di Pisa, dove si laureò nel 1975 in scienze e matematiche.

Nel 1880 vinse la cattedra di professore straordinario di matematica all'Università di Padova e all'inizio si occupò della geometria delle forme differenziali di Riemann.

A lui si deve il fondamentale trattato sul "Calcolo differenziale assoluto" che rappresenta un capolavoro ancora attuale di calcolo tensoriale.

E' questo calcolo che ebbe un ruolo determinante nelle dimostrazioni della teoria della relatività, che generale di Einstein.

Da lui derivò il "tensore di curvatura di Ricci" un tensore simmetrico di secondo ordine, parte essenziale della teoria di Einstein pubblicata nel 1916 , che misura la curvatura di una "varietà" di Riemann. Con opportune operazioni da questo si ricava il tensore di Einstein che è uno degli elementi dell'equazione di campo della teoria generale della relatività che descrive la curvatura dello spazio-tempo.

Fu membro dal 1899 dell'Accademia dei Lincei, dal 1905 dell'Accademia di Padova, dal 1922 della Reale Accademia di Bologna e dell'Accademia Pontificia delle scienze.

La sua attività comprese anche altre aree al di fuori della matematica come collaborazioni in idraulica per bonifiche e fu attivo in politica: *"Diede alla scienza il calcolo differenziale assoluto, strumento indispensabile per la teoria della relatività generale, visione nuova dell'universo"*.

Al prof. Gregorio Ricci è stato dedicato l'asteroide 13642.

Ernst Waldfried Josef Wenzel Mach (1838 – 1916)

Nato a Chrice in Moravia fu uno dei più importanti fisici sperimentali del suo tempo. Nel 1860 si è laureato in fisica e matematica all'università di Vienna. Divenne poi professore di fisica e matematica all'università di Graz.

Menomato da un ictus riuscì comunque in importanti studi di fisica ed a pubblicare numerosi lavori rimasti fondamentali per la fisica e la filosofia.

La misura delle velocità supersoniche in numeri di Mach prende da lui quel nome per i suoi meriti nello studio di corpi in movimento nei fluidi.

Mach dava importanza solo all'esperienza sensoriale ed era contrario ad elucubrazioni mentali. Studiò a questo fine la percezione sensoriale e le illusioni ottiche come l'illusione che si ottiene osservando un gradiente uniforme di luminosità e che prende il nome di "bande di Mach".

Fu il primo critico dello spazio assoluto, fortemente radicato ai suoi tempi, e precursore di quanto poi Einstein, con la sua teoria della relatività, avrebbe dimostrato.

Non credeva alla metafisica che impregnava la scienza e all'ambizione della scienza di descrivere le leggi dell'universo come oggetti separati dall'esperienza sensoriale.

Vedeva le leggi fisiche come schemi di sistematizzazione per i dati sensoriali e strumentali, in sostanza un prodotto umano che oggi potremmo far risalire alla teoria dell'informazione ed agli algoritmi di compressione dei dati empirici come concetto di economia della conoscenza.

Ernst Mach influenzò fortemente Einstein e la corrente filosofica del neopositivismo logico del circolo di Vienna.

James Clerk Maxwell (1831 – 1879)

Nato ad Edimburgo si laureò al Trinity College di Cambridge nel 1854 dove conobbe lo scienziato Lord Kelvin (il cui vero nome era William Thomson) che ebbe su di lui un'influenza fondamentale in campo scientifico.

Nel 1871 divenne responsabile del Cavendish Laboratory all'università di Cambridge. Morì a 48 anni a Cambrige nell'anno 1879.

Maxell si dedicò presto allo studio dei fenomeni elettrici e magnetici con particolare riferimento agli esperimenti di Faraday ai quali dedicò la pubblicazione "Sulle linee di forza dia Faraday".

Il suo saggio "Sulla stabilità degli anelli di Saturno" vinse il premio Adams per la sua originalità che giunse alla conclusione sull'origine del sistema solare da una nebulosa rotante.

Maxewll contribuì all'elaborazione del modello statistico per la teoria cinetica dei gas proseguendo i lavori di Daniel Bernoulli e la distribuzione statistica delle molecole di un gas nota come "distribuzione Maxwel-Boltzman".

Il più importante suo contributo alla scienza consiste senza ombra di dubbio nelle equazioni sull'elettromagnetismo, che presero da lui il nome come "equazioni di Maxwell".

Con queste equazioni Maxwell unificò i lavorii sperimentali di Faraday e di Ampére in 4 equazioni differenziali che descrivono l'interazione tra il campo magnetico, il campo elettrico e la materia.

Le equazioni contengono l'aspetto ondulatorio del campo elettromagnetico e con esse Maxell dimostrò che le onde elettromagnetiche si debbano propagare ad una velocità calcolabile e che in seguito coincise con la velocità della luce.

Georg Friedrich Bernhard Riemann (1826 – 1866)

Nasce a Breselenz in Germania ed è ricordato come uno dei più grandi matematici del suo tempo. Si laureò a Gottinga nel 1849 e nei due anni seguenti pubblicò un lavoro "Sulle funzioni di variabili complesse", "Sulla teoria dei numeri" e "Sull'ipotesi che stanno alla base della geometria".

Con la teoria sulla geometria, Riemann introdusse i concetti di varietà e di curvatura di una varietà geometrica con particolare riferimento agli spazi non euclidei.

Per la prima volta nella storia della matematica Riemann teorizzò una delle questioni che poi saranno riprese da Einstein nella sua teoria della relatività generale per quanto riguarda la natura geometrica dello spazio e della sua curvatura.

A Gottinga nel 1862 divenne assistente di fisica di Wilhelm Eduard Weber e poi vinse la cattedra di che fu di Gauss.

L'ipotesi di Riemann rappresenta uno degli ultimi passi nello studio dei numeri primi, e fu il primo a dare una definizione rigorosa del concetto di primarietà, dimostrando l'infinitezza dell'insieme degli stessi.

Con Gauss, Riemann ricercava la definizione della funzione che fornisce i numeri primi al variare di x compresi fra 0 e la stessa x. A questo proposito introdusse la "funzione zeta di Riemann", estesa al campo complesso.

L'ipotesi di Riemann rappresenta l'ottavo dei problemi che Hilbert nel 1900 elencò in una celebre conferenza e che a tutt'oggi è irrisolta.

Se l'ipotesi di Riemann venisse dimostrata, si avrebbero conseguenze enormi in informatica dato che molte leggi della crittografia sono basate sui numeri primi. Il poterli calcolare renderebbe inutile tutta la crittografia moderna.

Évariste Galois (1812 – 1832)

Una mente matematica geniale e precoce che un duello giovanile portò via da questo mondo a soli 20 anni.

Scoprì un metodo geniale per risolvere l'antico problema di risolvere equazioni con operazioni quali somma, sottrazione, moltiplicazione, divisione, elevazione di potenza ed estrazione di radice, generalizzando la procedura.

La "Teoria di Galois" che prende da lui il nome ha posto le basi per un'importante branca dell'algebra astratta che si è evoluta nella moderna teoria dei "gruppi".

La memoria scientifica scritta da Galois sulla teoria delle equazioni fu proposta diverse volte per la pubblicazione, ma non venne mai pubblicata mentre lui era in vita.

Anche un grande matematico come Poisson esaminò i lavori di Galois, ma non ne comprese l'importanza.

Invece un altro matematico francese, si tratta di Cauchy, comunque comprese il grande valore del ragazzo che non potè in ogni caso sviluppare appieno le sue capacità eccezionali a causa della sua morte prematura.

Si racconta che la notte prima del duello Galois, convinto di risultare perdente, abbia vergato febbrilmente a margine di un diario numerose annotazioni matematiche che gli balenavano in testa: e che solo decenni dopo le note furono trovate ed interpretate da altri matematici che restituirono a Galois il merito storico di certe intuizioni.

La causa del duello in cui fu ucciso riguardava la contesa per una donna.

Carl Friedrich Gauss (1777 – 1856)

Un genio matematico dalle capacità illimitate. Nato a Braunschweig, in Germania, nel 1777, Gauss ha rappresentato ciò che una mente specialmente dotata riesce a produrre fin dalla infanzia.

Su questo scienziato, ricordato come uno dei più grandi matematici del suo tempo, paragonabile a Newton, si raccontano un'infinità di aneddoti. Pare che già a tre anni fosse in grado di utilizzare i numeri in calcoli elementari e che a nove anni sapesse risolvere in un attimo problemi complessi come la somma dei primi cento numeri o di individuare i numeri primi entro alcune migliaia di numeri.

Innumerevoli sono i suoi lavori e non basterebbe questo intero libro per descriverli.

Gauss fu il primo a considerare la geometria non euclidea, anticipando la costruzione di un modello geometrico consistente e non contraddittorio che, porterà un secolo dopo, alla teoria della relatività generale di Einstein.

Ha dimostrato il teorema fondamentale dell'algebra che afferma come il campo dei numeri complessi sia algebricamente chiuso.

Ha risolto il teorema dei poligoni regolari costruibili con riga e compasso.

Da lui prende il nome la "gaussiana", la funzione a campana sulla distribuzione statistica degli errori.

Ha inventato il metodo dei minimi quadrati per ridurre al minimo gli errori nelle misurazioni.

Morì a Gottinga nel 1855 ed il suo cervello fu studiato per capirne le particolari capacità: fu trovato ricco di circonvoluzioni.

Isaac Newton (1643 – 1727)

Padre del concetto di gravità, nasce il 4 gennaio 1643 a Woolshorpe (UK) e nel 1652 inizia i suoi studi presso la King School di Grantham per poi passare, una volta diplomato, al Trinity College di Cambridge.

A soli 22 anni sviluppò teorie matematiche avanzatissime per l'epoca per poi concluderle con il calcolo infinitesimale, in concorrenza col suo grande avversario Leibniz.

Nel 1670 descrisse scientificamente fenomeni ottici come la rifrazione e la riflessione che poi gli servì per realizzare il primo telescopio riflettore. Arrivò ad ipotizzare che la luce fosse corpuscolare le cui particelle si muovono nell'etere.

Nel 1684 pubblica la sua più importante opera intitolata " Philosophiae Naturalis Principia Mathematica", che racchiude tutta la parte scientifica sulla gravitazione universali e le sue tre leggi fondamentali che ancora oggi è un pilastro della meccanica non relativistica e studiata nelle scuole di tutto il mondo.

Nel 1696 divenne guardiano della Zecca di Londra dove svolse importanti incarichi per la coniazione di nuove monete dello Stato.

Nel 1701 pubblicò un lavoro sulla termodinamica e le sue leggi da cui ha avuto origine la "legge del freddo" che porta il suo nome.

L'importante associazione scientifica inglese Royal Society lo nominò suo presidente nel 1703 e poi ebbe numerosi riconoscimenti pubblici per i suoi contributi scientifici ed anche sociali.

Non risulta che si sia sposato né che abbia avuto figli, per cui la sua eredità scientifica, alla sua morte nel 1727 a 84 anni in quel di Londra, è passata al Regno Inglese.

Galileo Galilei (1564 – 1642)

Nato ad Arcetri il 15 febbraio 1564, Galileo è considerato il filosofo e matematico più meritevole per la nascita della scienza moderna. Nonostante il conflitto con la Chiesa di allora e ben due giudizi negativi della Sacra Inquisizione, riuscì a completare memorabili ricerche ed a farle pubblicare.

La dottrina copernicana abbracciata da Galileo, gli costò una prima condanna che lo costrinse ad abiurarla.

Con l'accordo della Chiesa in seguito Galileo riuscì a pubblicare il suo "Dialogo fra i due massimi sistemi del mondo" in cui metteva a confronto Aristotele e Copernico, senza favorire Copernico come da accordi con la Chiesa, ma il successo dell'opera non piacque ai religiosi per cui fu condannato ai domiciliari a vita.

Quattro anni prima di morire, nel 1638, riuscì a far pervenire ad un editore olandese la sua famosa opera intitolata "Discorsi e Dimostrazioni Matematiche Intorno a due Nuove Scienze" che col suo metodo scientifico segna la nascita della scienza moderna dove l'esperimento assume centralità.

Galileo iniziò gli studi in un convitto a Pisa proseguiti poi a Firenze in un convento come novizio. Nel 1583, dopo un infruttuoso periodo di studi in medicina, studiò matematica a Firenze dove scoprì la legge del movimento del pendolo.

Nel 1589 ottenne la cattedra di matematica all'Università di Pisa e nel 1592 vinse la cattedra di matematica a Padova dove vi resterà per 18 anni.

Nel 1610, tornato a Firenze come primario Matematico e dopo varie vicissitudini determinate dal conflitto con la Chiesa, moriva ad Arcetri l'8 gennaio 1642, dove stava ancora scontando la condanna agli arresti domiciliari comminatagli a vita dalla Chiesa.

Conclusione

Con questo terzo libro della serie "Panoramica scientifica dell'Universo" mi sono sforzato di far conoscere in modo abbastanza approfondito la seconda teoria della relatività, quella generale, che Einstein descrisse nel 1916.

Spero con questo lavoro di aver stimolato il lettore appassionato di scienza ad approfondire quella ricerca che indaga sul come il nostro Universo agisce.

E' meraviglioso conoscere come siano stati scoperti tanti concetti che per noi oggi appaiono naturali come il fuoco, la ruota, la scrittura, la medicina e come antichissimi popoli abbiano costruito, lentamente e tra molte battaglie, quella che noi oggi chiamiamo "civiltà".

Nulla è avvenuto per caso: tutto è stato conquistato da noi umani con un duro lavoro e tra grandi sofferenze.

La più grande lezione del nostro lontano passato è: "**lavorare, inventare, costruire senza fermarsi mai!**" ed ora, avanti verso lo spazio, alla conquista dell'Universo e per fare questo costruiremo nuovi e potenti strumenti per indagarlo e per navigarci.

Leggere e seguire queste cose, partecipare alle nuove scoperte, capire quanto sia grande l'Universo e piccoli noi, anche senza essere scienziati, oltre che un piacere può essere un modo per vivere meglio e distoglierci dai problemi di tutti i giorni.

Buon proseguimento!

Serie: Panoramica scientifica dell'Universo:
https://amzn.to/2Jmu7xw

Linkedin: Ettore Accenti
Blog: http://ettoreaccenti.blogspot.ch/
Tutti i miei libri pubblicati: http://amzn.to/1YYcPaI